内蒙古低碳发展系列丛书

内蒙古自治区
草原生态系统对气候变化
适应及减缓绿皮书

内蒙古自治区生态环境低碳发展中心
内蒙古大学　主编
北京林业大学

U0608277

中国环境出版集团·北京

图书在版编目（CIP）数据

内蒙古自治区草原生态系统对气候变化适应及减缓绿皮书 / 内蒙古自治区生态环境低碳发展中心，内蒙古大学，北京林业大学主编 . —北京：中国环境出版集团，2024.4
（内蒙古低碳发展系列丛书）
ISBN 978-7-5111-5835-2

Ⅰ. ①内…　Ⅱ. ①内…　②北…　Ⅲ. ①气候变化—影响—草原生态系统—研究—内蒙古　Ⅳ. ① S812.29

中国国家版本馆 CIP 数据核字（2024）第 069826 号

责任编辑　易　萌
封面设计　彭　杉

出版发行　中国环境出版集团
（100062　北京市东城区广渠门内大街 16 号）
网　　址：http: //www.cesp.com.cn
电子邮箱：bjgl@cesp.com.cn
联系电话：010-67112765（编辑管理部）
010-67112739（第三分社）
发行热线：010-67125803，010-67113405（传真）
印　　刷　玖龙（天津）印刷有限公司
经　　销　各地新华书店
版　　次　2024 年 4 月第 1 版
印　　次　2024 年 4 月第 1 次印刷
开　　本　710 × 1000　1/16
印　　张　11.5
字　　数　220 千字
定　　价　45.60 元

【版权所有。未经许可，请勿翻印、转载，违者必究。】
如有缺页、破损、倒装等印装质量问题，请寄回本集团更换。

中国环境出版集团郑重承诺：
中国环境出版集团合作的印刷单位、材料单位均具有中国环境标志产品认证。

编 委 会

主　　编：和小平　律严励　胡敬韬　刘华民　马志明

副 主 编：王春梅　刘　楠　王嫣然　李维伦　王海霞

编　　委：吴文华　李秋萍　卢艳丽　段志国　张兆成
樊　冲　行　安　杨　帆　王永佳　王佳玉
魏舒雅　王银城　马玉波　王　福　梁守政
石慧龙　王　凯　沈金霞　白篪楠　齐利枝
图雅日拉　吴晓光　刘　彪　张书赫　刘彩霞
王　宇　赞　丹　侯秉臻　朱舒蕾　孙飞鹏
张玉旭　张　宣　蒯　悦　赵春林　曹明旺
豆小敏　高　峰　赵宇浓　高晓艳　马宇娟

前　言

本书是基于2021年内蒙古自治区生态环境低碳发展中心开展的“内蒙古自治区草地生态系统碳汇研究”“内蒙古自治区农牧业固碳减排对策研究”和“气候变化对内蒙古草原生态系统的影响及其适应研究”等课题的研究成果，结合近50年来内蒙古自治区的气候变化规律，分析预测了未来的草原生态系统演化趋势，初步预判了碳达峰与碳中和背景下内蒙古自治区草原生态系统对气候变化的适应性。基于野外监测实验，分析内蒙古自治区草地碳储量的时间和空间变化趋势，阐明内蒙古自治区草地碳储量变化的驱动机制。研究气候变化对内蒙古自治区草地生物多样性和草原生态系统稳定性的影响；量化气候变化对内蒙古自治区草地生产力和碳汇功能的影响，包括不同地区、不同草地类型过去30年碳汇潜力对气候变化的响应；基于气候变化情景下的生态过程模型，预测未来30年内蒙古自治区草地生产力和碳汇潜力的变化趋势。量化现有主要生态工程的固碳减排效果，筛选内蒙古自治区草原生态系统适应气候变化的技术，提出内蒙古自治区草原生态系统适应气候变化的生态保育措施和对策。

目 录

第 1 章 研究背景和意义 …… 1

1.1 气候变化和国家的“双碳”目标 …… 1

1.2 草原的碳汇功能 …… 4

1.3 内蒙古草地的碳储存及研究动态 …… 5

1.4 内蒙古草原土壤固碳潜力研究 …… 7

1.5 重大生态工程对内蒙古草地碳汇潜力的影响 …… 8

第 2 章 内蒙古草地生态系统碳汇潜力及驱动机制 …… 11

2.1 材料与方法 …… 11

2.2 草地碳储量的时间与空间格局 …… 17

2.3 草地碳源 / 碳汇的变化 …… 21

2.4 不同管理措施对草地碳源 / 碳汇的变化影响 …… 26

2.5 小结 …… 30

第 3 章 重大生态工程（禁牧）对草地碳源 / 碳汇的变化影响 …… 32

3.1 内蒙古地区重大生态工程概况 …… 32

3.2 数据来源与分析方法 …… 33

3.3 不同禁牧年限对草地生物碳储量的影响 …… 35

3.4 小结 …… 47

第 4 章　气候变化对内蒙古草原生态系统的影响 ………………………… 48
4.1　野外监测 ………………………………………………………………… 48
4.2　内蒙古地区气候变化规律 ……………………………………………… 77
4.3　气候变化对内蒙古土地利用和草地群落结构的影响 ……………… 98
4.4　气候变化对内蒙古草地净第一性生产力和碳汇潜力的影响 …… 118
4.5　小结 …………………………………………………………………… 146
第 5 章　内蒙古草地适应气候变化的技术及对策研究 ………………… 147
5.1　内蒙古农牧业减排增汇对策 ………………………………………… 147
5.2　草原生态系统应对气候变化的适应性措施 ………………………… 156
5.3　草原适应性管理对策 ………………………………………………… 159
5.4　完善内蒙古草原生态治理的对策建议 ……………………………… 165
5.5　小结 …………………………………………………………………… 167
参考文献………………………………………………………………………… 169

第 1 章
研究背景和意义

1.1 气候变化和国家的“双碳”目标

近年来，全球气候变化形势十分严峻，严重威胁人类的健康生存和生态系统的可持续发展。英国学者克莱夫·庞廷指出：“人类活动增加了温室气体——二氧化碳（CO_2）、甲烷（CH_4）和氧化亚氮（N_2O）等的排放量，而且以各种氯氟化碳的形式带来了新的温室气体。这些变化的后果，就是把一种至关重要的生命维持机制变成了这个世界上最具威胁性和潜在灾难性的环境问题——全球变暖。”

全球气候变化问题已日益成为当前人类面临的巨大挑战，世界各国对此都高度关注并在努力寻求有效的应对方案。其中，力争 2030 年前实现碳达峰、2060 年前实现碳中和（简称“双碳”）是中国政府积极应对全球气候变化所提出的重大战略决策，这一战略决策，对凝聚全球气候治理共识，打造人类气候命运共同体具有重要意义。

1.1.1 全球气候变化概况

联合国政府间气候变化专门委员会（IPCC）第五次报告指出，19 世纪末全球平均地表温度显著升高，自 1950 年以来，全球平均温度已升高 0.72℃，在过去的 30 年每 10 年地表温度的增温幅度高于有气象记录以来的任何时期，20 世纪 70 年代后期地表温度表现为显著升温。自 20 世纪以来，全球范围内的近地面气温都呈升高趋势。这一结论得到了基于全球和区域台站数据集的支持。过去的60年，中国内陆地区的平均变暖速率与同期全球陆地表面升温趋势基本一致，升高速率为0.17℃/10 a。2018年IPCC发布的《全球变暖1.5℃特别报告》指出，人类活动导致的全球变暖比工业化前的水平高出约1.0℃，范围可能在0.8～1.2℃。干旱与半干旱区是近100年来温度增加最显著的地区，对全球陆地变暖的贡献达到44%。如果全球变暖以目前的速度继续增长，2030—2052年，可能会达到1.5℃。

《中国气候变化蓝皮书2020》指出，2019年全球气候变暖的速度加快，物候期提前、冰川消融及海平面上升等多项历史纪录同时被刷新。联合国和世界气象组织（WMO）共同发布的《2019年全球气候状况声明》显示，2019年是全球有气温记录以来温度第二高的年份，由于温室气体水平持续上升，新的"史上最热年"可能在近5年内出现。2019年联合国秘书长古特雷斯在联合国气候行动峰会上表示，应对气候危机已经到了刻不容缓的地步，过去10年是全球有记录以来最热的10年，温室气体排放是300万年以来最高位。气候变暖将导致全球温度升高、大范围冰川消融及海平面上升，区域极端天气事件发生频率升高。当气温上升超过1.5℃时，将对全球生态系统和生物多样性及相关的人类系统造成广泛、潜在的不可逆转的破坏。

研究表明，全球年降水量无论是增加或减少，全球大部分地区的降水活动强度预计都会增加，这意味着极端降水事件增加。气温升高的时空分布并不均衡，从时间来看，冬季升温幅度更大；从空间来看，北半球高纬度地区是全球变暖的敏感区域。同样，全球降水格局也会发生改变，低纬度和高纬度地区的降水有所增加，而中纬度地区降水减少。

气候变化被认为是生态系统结构和功能变化的主要驱动力。植被是陆地生态系统的主要生产者，是连接土壤、大气和水圈的天然纽带，在生物圈碳循环和能量平衡中发挥着不可替代的作用。气候变化通过影响生态系统的基础过程（如植物个体的呼吸和光合作用、水分利用效率、物候期的变化、物种分布、植被覆盖），进而影响生态系统的碳、氮等物质循环。同时，植被生命周期和生长季长度的变化也对陆地生态系统、人类社会和全球经济产生影响。气候的迅速变化引起了人们对植被物候的广泛关注，但是气候变化对陆地生态系统的影响具有不确定性，存在较多争议，因此深入揭示气候变化与生态系统的相互作用过程，评估生态系统的脆弱性，已成为全球气候变化研究的热点内容。

1.1.2 中国的碳达峰和碳中和目标

气候变化是全球面临的共同挑战，为避免气候变化对地球环境及人类生活带来不可挽回的损害，世界各国就 21 世纪末全球平均温升相较于工业化时期控制在 2℃以内达成共识。随着世界各国工业化的不断发展，大量的化石能源消耗及其他生产活动产生的温室气体排放量已经超过环境容量，造成了不可逆的气候影响，成为当今世界面临的重大挑战。

IPCC 提出了全球温室气体排放量须在 2020—2030 年达到峰值，这是实现 21 世纪末控制全球平均温升 2℃目标的必要条件，也是降低地球环境及人类生活水平不受气候变化影响的条件。2015 年 12 月 12 日，近 200 个缔约方在巴黎气候变化大会上达成《巴黎协定》，该协定的长期目标是将全球平均温升较工业化时期控制在低于 2℃水平，并努力将温度上升幅度限制在 1.5℃以内；全球需尽快实现温室气体排放量达峰，并到 21 世纪下半叶实现温室气体净零排放。

随着中国工业化、城市化进程的不断推进，温室气体排放量不断提高，受气候变化负面影响日益严重。作为一个负责任的发展中国家，中国也在积极主动地履行控制温室气体排放的义务，对外积极推动气候变化国际谈判进程，承担应尽的国际义务，顺应绿色低碳发展国际趋势，全面开展应对气候变化国际合作。目前，碳排放作为一个全球性的重大议题，日益受到各国政府和各个行业的广泛关注。2020 年 9 月中国明确提出“双碳”目标。中国的“双碳”目标基于现代气候变化科学和能源低碳转型，其科学基础是坚实的，是能源革命的两座里程碑，是顺应绿色发展时代趋势，是推动经济社会高质量发展、可持续发展的必由之路。

通俗来讲，碳达峰是指 CO_2 的排放量在某一个时点达到了峰值，之后进入下降阶段；碳中和则指一段时间内，特定组织或整个社会活动产生的 CO_2，通过植树造林、海洋吸收、工程封存等自然、人为手段被吸收和抵消，实现人类活动 CO_2 相对“零排放”。国际社会普遍认为，CO_2 过度排放是引起气候变化的主要因素。人类活动排放的二氧化碳等温室气体导致全球变暖，加剧气候系统的不稳定性，导致一些地区干旱、台风、高温热浪、寒潮、沙尘暴等极端天气频发，强度增大。

气候变化的影响主要是指极端天气气候事件及气候变化对自然和人类系统的作用，人类活动引起全球气候变暖，而气候变化带来的影响在气候系统各个圈层中都已广泛存在并迅速发展。为保证气候变化在一定时间段内不威胁生态系统、粮食生产、经济社会的可持续发展，将大气中温室气体的浓度稳定在防止气候系统受到危险的人为干扰的水平，必须通过减缓气候变化的政策和措施来控制或减少温室气体的排放，这是向碳中和迈进的最佳方式。

全球应对气候变化和低碳转型进程加快，碳中和成为大国博弈的焦点。碳达峰、碳中和是应对气候变化的必由之路。

1.2 草原的碳汇功能

碳汇是指生态系统通过植物光合作用将大气中的 CO_2 转化为碳水化合物，并以有机碳的形式固定在植物体内或土壤中，从而减少大气中 CO_2 浓度的过程。草地作为陆地植被巨大的碳库，在减少和固定 CO_2 过程中具有重要的功能。但多年来草地的碳汇功能在全球碳收支研究中一直未受重视。传统上，森林一直被认为是陆地上最主要的碳库，在抵消人类活动碳排放中扮演最重要的角色，而草原生态系统的碳汇功能一直存在争议。一方面，由于温度和水分的限制，草地植被生产力远低于森林；另一方面，草地大多处于干旱、半干旱地区，植物生长和碳循环过程在时间和空间上具有很大的变异性，在全球碳收支预算中被认为贡献较小。最新研究表明，在长时间尺度上（1860—2012 年），全球草原生态系统表现为碳汇，平均强度为 0.11 Pg C/a。自 20 世纪 90 年代中后期以来，我国学者开始关注草原生态系统碳储量、碳源汇大小及其时空分布格局。

草原生态系统是世界上最重要和最广泛的生态系统之一，约占地球陆地表面的 20%，其碳储量约占陆地生态系统的 1/3，通常具有较高的经济、生态和生物多样性价值，为牲畜提供饲料和高水平的碳储存，是陆地上仅次于森林的第二大碳库。地上植被层、地下根系层和土壤层是草原最重要的 3 个碳库。许多草原处于水分限制的季节性状态，对生物量和组成方面的水可用性变化具有高度响应性。它们在全球碳循环和气候调节中发挥着重要作用。由于草地所处的特殊地理位置和气候条件，其地下部分土壤有机质分解普遍较慢，作为碳汇用地的作用更加明显。

草原植物根系发达，每时每刻都在与土壤进行物质循环和能量交换，从而使土壤不断积累大量的有机物。草原一岁一枯荣，产生大量的枯落物，千万年来在地面不断沉积，形成厚厚的泥炭或腐殖质层，在青藏高原草甸草原区平均厚度达数十厘米。近年来，我国通过加强草原生态建设，实施禁牧、休牧、草畜平衡等措施，草原植被不断恢复，生物量积累明显加快，土壤扰动活动减少，草原固碳能力和土壤蓄积碳能力不断增强。

草原的碳汇功能主要集中在土壤层，土壤碳库占草原生态系统碳库总量的 90% 以上。我国高寒草甸和高寒草原面积较大，由于受高寒和干旱气候条件制约，植被的碳密度较低，但土壤碳储量巨大，对全国总生物碳储量的贡献最大。沼泽草原、山地草原和亚热带－热带草丛由于优越的生长条件，地上部分生物量碳密度最大，但由于面积较小而总储量并不大。地下根系生物碳储量与地上部分具有趋同性，沼泽草原、山地草原和亚热带－热带草丛的根系生物碳储量较高。高寒草甸和亚热带－热带草丛碳储量对全国草原生物碳储量贡献最大。在“双碳”目标下，我国发展草原碳汇大有可为。增强草原碳汇功能，可以通过优化草地管理方式和改进土地利用方式来实现。优化草地管理方式是增强草原碳汇功能最有效的方法，具体措施有降低放牧强度、围栏封育和人工种草等。

1.3 内蒙古草地的碳储存及研究动态

近年来，国内外专家对草原碳汇进行了大量研究，形成了很多成果。相关研究表明，在全世界陆地生态系统有机碳储量分布中，森林占 39%～40%，草地占 33%～34%，农田占 20%～22%，其他占 4%～7%。方精云等的研究结果表明，我国草原植被生物量占全国总生物量的 10.3%，草原土壤碳储量占全国土壤总碳储量的 36.5%。我国草原生态系统的植被碳库储量、土壤有机碳库储量分别为 2.1 Gt C 和 12.4 Gt C，总计 14.5 Gt C。中国草原占世界 8% 的面积，储存了 7.5% 的世界植物碳、4.9% 的土壤碳和 5% 的总碳。草原目前属于碳汇，其碳库年增加量为（71 ± 4）Tg C。综合各方面研究成果，我国草原生态系统的总碳储量300亿～400亿t，每年固碳量约6亿t。相关研究表明，我国草原碳主要储存在土壤中，约为植被层的13.5倍。从地区来看，85%以上的有机碳分布于高寒地区和温带地区，其中，高寒地区草原95%的碳储存在土壤中，约占全国土壤碳储量的55.6%。从草原类型来看，草甸草原和典型草原累积了全国草原2/3的有机碳。

据估计，我国草地土壤碳储量占全球土壤有机碳储量的9.7%～22.5%。其中，内蒙古自治区拥有天然草原13亿亩①，占全国草原总面积的20%，是我国草地碳汇的重要区域，也是我国北方重要的生态安全屏障。地处欧亚大陆温带干旱、半干旱地区的内蒙古草原是我国北方温带草原的主体，其植被碳储量在我国草地碳平衡中占有重要地位。近年来，由于过度放牧、不合理开垦及气候变化等，草地出现了不同程度退化，导致土壤有机碳含量下降。有研究显示，以内蒙古草原为主体的北方草原在1989—2007年土壤有机碳流失3.47 Pg，占全国草地土壤有机碳流失量的94.7%。

内蒙古不同类型草地植被碳储量差异较大，典型草原由于巨大的分布面积，而具有最大的碳储存能力；草甸草原所处的环境水分条件较优越，土壤肥力较高，植被较发达，因而具有较高的地上和地下生物量密度，但因分布面积小，其植被碳储量仅占内蒙古总草地碳储量的22%；西部干旱区的荒漠草原由于气候干旱，土壤贫瘠，植被生长稀疏、低矮，碳储存能力最小。按照草地生物量碳库分析，碳储量最大的草原类型是温性草原、温性草甸草原和低地草甸，其生物碳储量分别占草原总碳储量的49.46%、20.51%和19.88%，其余6类草原类型包括温性荒漠草原、温性草原化荒漠、温性荒漠、山地草甸、沼泽等总生物碳储量不足2 977万t，约占全部草原生物碳储量的10.15%。方精云和朴世龙等分别用草地清查资料或遥感数据估算的内蒙古草地植被碳储量分别为274.0 Tg C和188.5 Tg C，而马文红等对内蒙古温带草地的碳储量进行了大范围的实测研究，估算该地区草地植被的碳储量为（226.0 ± 13.3）Tg C。有学者基于地面实测生物量数据与遥感信息相结合的方法估算了内蒙古草地的植被碳储量，总草地植被碳储量为131.78 Tg C

① 1亩≈666.67 m^2。

（2001—2012 年均值），其中地上生物量为 20.88 Tg C，占总植被碳储量的 15.84%；地下生物量 110.90 Tg C，占总植被碳储量的 84.16%。2001—2012 年，内蒙古草地植被碳储量呈波动变化（变异系数为 10.51%），并未显现出明显的变化趋势（R^2=0.03，P=0.57），处于碳中性状态。

土壤有机碳（SOC）是草原生态系统的主要碳组成部分，占全球草地碳储量的 80% 以上，占中国草地碳储量的 90%，SOC 的微小变化能够改变甚至反转草原生态系统的碳平衡。1963—2007 年，除风积沙质土壤以外，内蒙古草原所有土壤类型的 SOC 均有下降，平均下降速率为 1.8 kg/cm^2（下降幅度约 22.9%）。国家林业和草原局相关数据显示，我国草原生态系统的总碳储量为 300 亿～400 亿 t。内蒙古草地土壤有机碳储量约占草原总碳储量的 93.28%，是植被层碳储量的 15.2 倍。

1.4 内蒙古草原土壤固碳潜力研究

草原土壤固碳潜力是退化草地恢复到退化前的土壤有机碳水平的过程中所固定的土壤有机碳总量。国内的观测资料显示，中国典型草原 0～30 cm 深土壤在围封下的固碳潜力约为 0.47 t C/hm^2，2000—2009 年锡林郭勒盟典型草原的固碳潜力为 1.44 t C/（hm^2·a）。内蒙古碳储量主要由地上生物量、地下生物量和土壤有机物三大碳库决定。在三大碳库中，地下生物量和土壤有机物是碳汇主体，分别占内蒙古草原碳汇的 5.56% 和 93.82%。何源等评估 1998—2015 年典型草原围封下的固碳潜力最大约为 195.19 gC/m^2。草地生态系统机能的恢复和增强可以增大草地的固碳潜力。要提高内蒙古草原碳汇总量，必须从保护草原的土壤和植被入手，防治草原土壤的水土流失、有机质损失和植被退化，增加草原植被的覆盖度和密度，增加生物量，提高内蒙古草地储碳能力。加强草地管理，改善草地的退化情况，可以显著提高内蒙古草地的碳固持。随着内蒙古退化草地围栏封育和一系列禁牧、休牧政策的实施，内蒙古草地的退化状况有显著改善，使内蒙古草地具有较大的增汇潜力。在草甸草原、典型草原、荒漠草原、草甸和沼泽植被覆盖率分别提高 5%、10%、20% 和 30% 的前提下，内蒙古草原碳储量分别提高了 14.1%、28.2%、

56.5% 和 84.7%。

内蒙古草原碳库具有强大的碳汇潜力，这种潜力由不同类型草原的碳汇速率、草原面积和退化程度决定。碳汇潜力较高的草原类型有温性草原、温性荒漠、温性草甸草原、温性荒漠草原和温性草原化荒漠。其碳汇潜力不仅取决于这种类型的草原具有一定的碳汇速率，更重要的是它们的草原面积十分广大，在一定碳汇速率下面积越大的草原，其碳汇潜力也越大。这类草原主要分布在内蒙古中部和西部的鄂尔多斯草原区、乌兰察布草原区、科尔沁草原区、锡林郭勒草原区和阿拉善草原区。这些草原区的植被恢复是未来发挥草原碳汇潜力的重要发力点，同时对于退化程度更高的草地进行生态恢复工程，使草地恢复至原有水平，其生物量增长和土壤有机碳的积累更多，是未来草原碳汇的重点区域。

研究草原土壤固碳潜力可以依据草地碳汇特征进行分析。草地碳汇主要受草地管理措施的影响，其固碳潜力可以由草地管理措施下单位面积的固碳速率与退化草地面积的乘积估算。根据现行国家标准《天然草地退化、沙化、盐渍化的分级指标》（GB 19377—2003），并参考现行行业标准《天然草原等级评定技术规范》（NY/T 1579—2007），结合草地分布面积及草地地上、地下生物量即可得到草地增汇潜力。2016 年锡林郭勒草原区植被总固碳量（0～50 cm）为 41.48 Tg C，平均碳密度为 206.78 g C/m^2；碳增汇潜力为 34.60 Tg C，平均碳增汇潜力密度为 180.74 g C/m^2。内蒙古退化草地的增汇潜力为每年 45.86 Tg，其中植被增汇潜力为每年 24.04 Tg，土壤增汇潜力为每年 21.82 Tg，可见内蒙古退化草地有很大的固碳增汇潜力。

1.5 重大生态工程对内蒙古草地碳汇潜力的影响

陆地生态系统是重要的碳库之一，在全球碳循环中起着重要的作用，草原生态系统是重要的陆地生态系统之一，大约占陆地生态系统总面积的 20%。草原除了具有防风固沙、涵养水源、保持水土、净化空气及维护生物多样性等重要作用外，在陆地碳循环和碳固存中起着重要作用，因此，草原是陆地生态系统的一个重要碳汇资源，其碳素储量约占陆地生态系统碳素总储量的

15.2%。据估计，目前草地生态系统中的碳素总储量为 308 Pg，其中约 92%（282 Pg）是储存在土壤中，生物量中不到 10%（26 Pg）。我国草地资源丰富，天然草地面积约为 4×10^6 km^2，居世界第二位，占国土面积的 41.7%。

内蒙古地区地处祖国北疆，横跨“三北”，不仅是我国传统的畜牧业基地，也是我国北方地区重要的绿色生态屏障，拥有全国第二大的草地资源，在调节气候、涵养水源、防风固沙和碳固持等方面发挥着极其重要的生态功能。但由于地处大陆腹地，干旱、半干旱的温带大陆性气候导致该区域植被生产力和碳循环过程具有明显的季节和年际变化，其碳汇功能对人类活动干扰和气候变化极为敏感，具有很大的不确定性。长期过度放牧等不合理的利用和气候暖干化，导致约有 90% 的草原处于不同程度的退化，其中严重退化草原占 60% 以上。退化草原初级生产力明显降低，土壤水分保持能力下降，生态系统碳汇功能减弱，对气候变化的敏感性增强，严重威胁我国北方及其周边地区的生态安全。

人类活动所引起的土地利用和土地覆盖变化对草原碳循环的影响是最直接的，内蒙古草地由于过度放牧导致草原生态系统的碳库损失，并使初级生产力降低 60%。加强草地管理，改善草地的退化情况，从而增强土壤碳固持，可以显著提高内蒙古草地的碳固持。禁止放牧被广泛认为是退化草地的一种简单的恢复方法，随着内蒙古退化草地一系列禁牧、休牧、轮牧政策实施，内蒙古草地的退化状况显著改善，生态状况实现“整体遏制、局部好转”的转变，重大生态工程项目实施以来内蒙古已有 7 000 万亩退化草原得到了基本恢复，为筑牢我国北方重要生态安全屏障奠定基础。内蒙古草地具有较大的增汇潜力，但影响过程和程度却各不相同。

研究表明，退化草原生态系统恢复后其植被和土壤的碳储量都显著增加。在内蒙古锡林郭勒草原区进行的长达 10 年的草原碳通量连续监测发现，退化草原群落在围封恢复过程中的碳固持能力显著高于长期围封的草原群落，碳汇潜力平均为 80 g C/（$m^2\cdot a$），这表明我国北方退化草原生态系统具有很强的固碳潜力。另有以黄土高原典型草原为研究对象的研究，对比研究了禁牧前后对地上、地下群落属性的长期（20 年）累积效应，研究结果表明，禁牧 20 年显著增加了 5 个不同群落的地上和地下生物量、物种丰富度、盖度和高度。地下生物量主要集中在 0～20 cm 水层，禁牧增加了地下生物量，特别是在0～10 cm水层。由此可知，长期禁牧可以显著改善黄土高原典型草原的群落特性。对于内蒙古草地，重度放牧显著降低荒漠草原地上植被生物量，对照区和轻度放牧区的地上生物量显著高于重度放牧区，说明重度放牧对荒漠草原地上植被生物量有明显的限制效应。

过度放牧会导致土壤有机碳含量的下降，围封、禁牧等会促进草地土壤有机碳储量的恢复。Zhou等研究发现，土地利用方式影响着内蒙古农牧交错带的土壤碳储量，对退化草地及牧区施行治理和禁牧后草地土壤的有机碳含量可以提高55%。内蒙古草地生态管理禁牧措施有效提升了草地固碳速率，改良措施和人工种草均能有效提高土壤表层有机碳含量，而禁牧和休牧均能有效降低土壤侵蚀，促进土壤有机碳积累。有研究表明，在禁牧和休牧措施下土壤碳储量年变化量在2001—2015年显著上升，而在轮牧和围栏措施下土壤碳储量显著降低（$P<0.05$）。综上所述，禁牧措施明显促进了内蒙古草地的土壤固碳作用。

在内蒙古不同草地管理措施下每5年土壤碳储量年变化量，如图1-1所示。

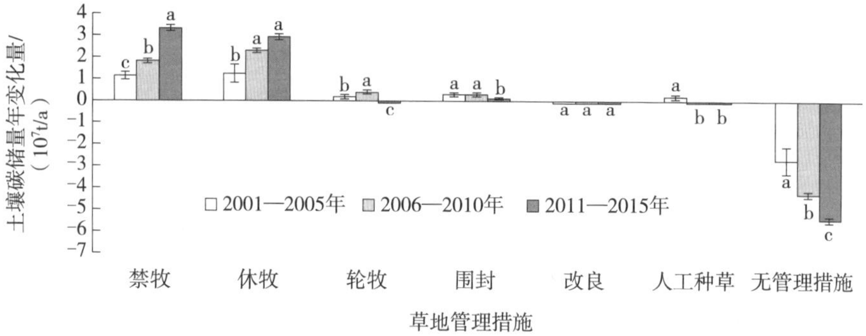

图1-1　在内蒙古不同草地管理措施下每5年土壤碳储量年变化量

此外，许中旗等发现，不同禁牧时间对土壤不同深度的有机碳影响不同，物种较单一的农田生态系统的土壤有机碳含量最低，从禁牧时间轴来看，土壤有机碳呈先增加后上、下波动的趋势。李强等发现，随着围封、禁牧的年限增加，草地土壤有机碳含量逐渐增加，自由放牧对土壤有机碳含量减少的影响最大。总之，实施禁牧措施能显著激发内蒙古草地生态系统的碳汇潜力。

第 2 章 内蒙古草地生态系统碳汇潜力及驱动机制

2.1 材料与方法

针对内蒙古草地生态系统碳汇潜力及驱动机制，内蒙古农业大学制定了以下研究方法。

1）草地碳汇调查规范制定和固碳潜力方法学研究

2021 年 8 月，为保证内蒙古草地碳汇研究的规范和碳汇评估方法的可靠性，参考 IPCC 发布的《第六次气候变化评估报告》及国内相关碳汇调查和评估方法，编制了《草地碳汇调查与固碳潜力评估规范》。

2）开展不同草地生态系统碳汇野外调查和样品采集

调查和样品采集工作分为 3 部分展开：

（1）基于内蒙古各盟市的草地碳汇现状调查

内蒙古各盟市的草地碳汇现状调整于 2021 年 8 月中旬—8 月末，2022 年 6—9 月开展。调查组分别赴呼伦贝尔市、锡林郭勒盟、乌兰察布市、赤峰市、通辽市、巴彦淖尔市、呼和浩特市等地开展草地碳汇野外调查和样品采集（图 2-1）。

图 2–1　内蒙古草地碳汇野外调查和样品采集

2021 年，野外调查碳汇采样点 228 个（面积均为 30 m×30 m）、样方 1 140 个（面积均为 1 m×1 m），涵盖草甸草原、典型草原、荒漠草原、草甸和沙地，共采集 3 400 余份土壤样品，2 500 余份地上、地下植物样品。2022 年，野外调查碳汇采样点 222 个、样方 1 110 个，涵盖草甸草原、典型草原、荒漠草原、草甸和沼泽，共采集 3 300 余份土壤样品，2 200 余份地上、地下植物样品。已按照数据库统一格式，整理部分碳汇采样点信息数据。2021—2022 年野外调查共覆盖内蒙古草地分布的 11 个盟市，共涉及 450 个碳汇采样点（图 2–2），各主要草地类型基本全覆盖（图 2–3）。目前，2021 年调查数据和样品测试完成，2022 年的调查数据部分录入，植物和土壤样品正在处理，尚未获得全部数据。

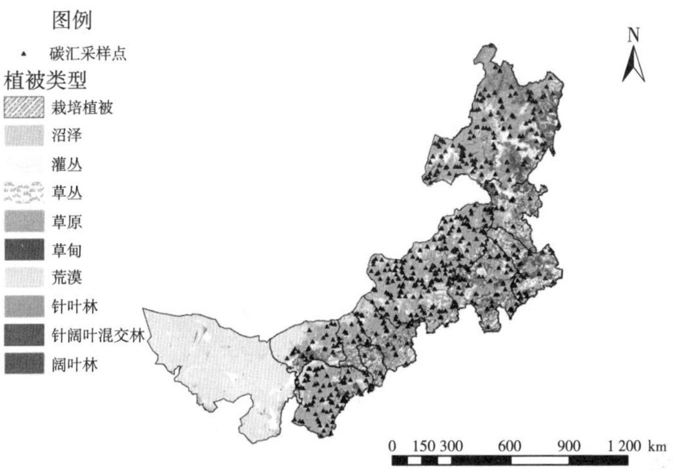

图 2-2　内蒙古野外调查碳汇采样点

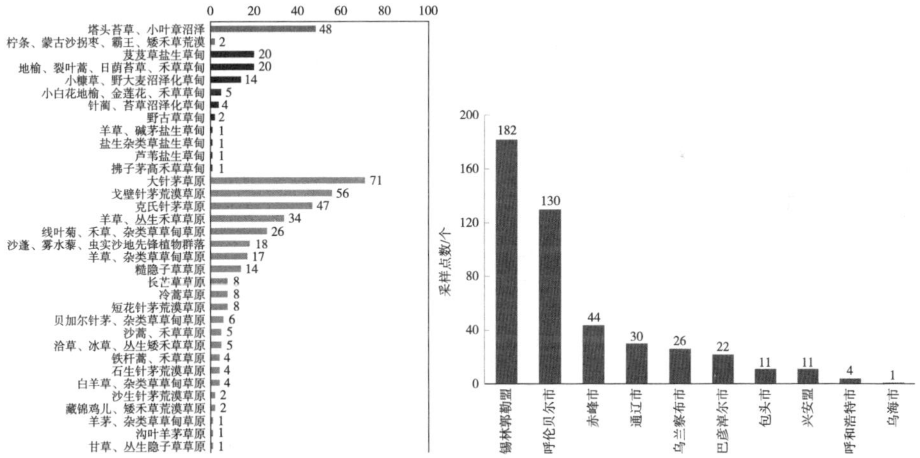

图 2-3　内蒙古草地碳库调查覆盖的主要草地类型及各盟市采样点分布情况

（2）内蒙古草地碳库重复采样调查

2002—2004 年，调查组在内蒙古草地生态系统设置了草地碳汇采样点，2015 年对这些采样点进行了第二次调查，本项目为了检验更长时间尺度上草地碳汇的变化，2021—2022 年开展了第三次原点位重新采样调查。主要根据 GPS 记录的经纬度信息和植被信息，采用同样的方法进行原点位重复调查，由于道路修建、土地利用变化等，最终对98个采样点中的73个样地完成了重复监测（图2-4），获取了植被和土壤样品，并记录了人类活动、土壤、地形等信息。

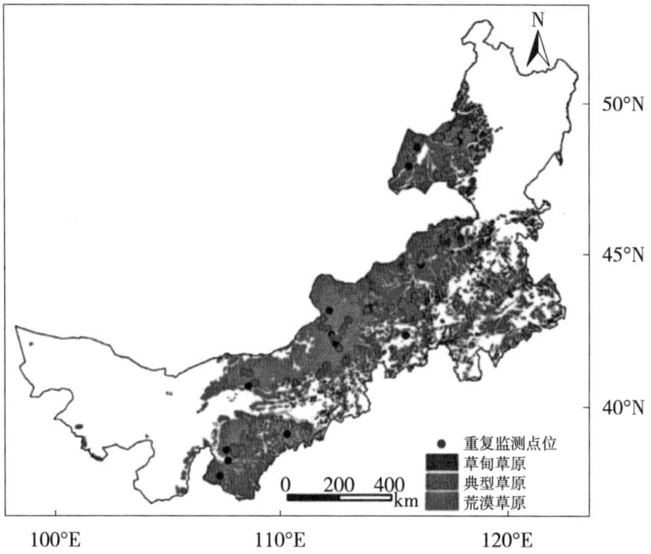

图2-4 内蒙古草地碳源/碳汇时间动态研究重复调查点分布

（3）内蒙古草地固碳潜力研究

为了检验内蒙古退化草地的固碳潜力，调查组在内蒙古草地分布主要旗县设置了28个调查点（表2-1），2021—2022年分别对这些调查点（围栏内、围栏外）的植物和土壤进行了调查和样品采集，每个调查点设置1个30 m×30 m的样方，每个样方内设置5个1 m×1 m的小样方，对其植被（地上、地下）和土壤（0~50 cm）进行了野外调查和样品采集，通过对比分析获得不同利用程度草地的固碳潜力（图2-5）。通过对比分析已获得140个样方数据，土壤样品420份，部分样品测定已完成，剩余部分样品（土壤碳含量）仍在测试。

表 2-1　内蒙古草地调查表

盟市	调查点	草地管理方式	经度 / (°)	纬度 / (°)	草地类型
锡林郭勒盟	乌拉盖管理区	围栏内	119.111	45.827	草甸草原
		围栏外	119.111	45.826	
	东乌珠穆沁旗	围栏内	117.038	45.610	草甸草原
		围栏外	117.038	45.610	
	西乌珠穆沁旗	围栏内	117.777	44.626	典型草原
		围栏外	117.778	44.626	
	阿巴嘎旗	围栏内	115.002	44.017	典型草原
		围栏外	115.004	44.016	
	苏尼特左旗	围栏内	113.459	43.861	荒漠草原
		围栏外	113.458	43.861	
	苏尼特右旗	围栏内	112.698	42.852	荒漠草原
		围栏外	112.697	42.852	
	锡林浩特市	围栏内	116.330	44.142	典型草原
		围栏外	116.331	44.143	
	太仆寺旗	围栏内	115.210	41.739	典型草原
		围栏外	115.209	41.739	
	正蓝旗	围栏内	115.908	42.329	典型草原
		围栏外	115.908	42.329	
	多伦县	围栏内	116.276	42.034	典型草原
		围栏外	116.276	42.034	
鄂尔多斯市	鄂托克旗	围栏内	107.833	39.314	典型草原
		围栏外	107.832	39.314	
	杭锦旗	围栏内	108.679	39.805	典型草原
		围栏外	108.679	39.805	

续表

盟市	调查点	草地管理方式	经度 / (°)	纬度 / (°)	草地类型
鄂尔多斯市	鄂托克前旗	围栏内	107.410	38.248	典型草原
		围栏外	107.411	38.248	
	乌审旗	围栏内	108.866	38.494	荒漠草原
		围栏外	108.099	38.493	
	乌审召	围栏内	109.025	39.102	荒漠草原
		围栏外	109.031	39.103	
乌海市	乌海市	围栏内	106.695	39.592	草原化荒漠
		围栏外	106.694	39.592	
呼伦贝尔市	新巴尔虎左旗	围栏内	118.151	48.176	典型草原
		围栏外	118.151	48.177	
	新巴尔虎右旗	围栏内	116.867	48.710	典型草原
		围栏外	116.868	48.710	
	满洲里市	围栏内	117.331	49.583	典型草原
		围栏外	117.330	49.586	
	陈巴尔虎旗	围栏内	119.361	49.317	典型草原
		围栏外	119.361	49.317	
	鄂温克族自治旗	围栏内	119.428	49.004	典型草原
		围栏外	119.428	49.004	
	额尔古纳市	围栏内	120.030	50.199	草甸草原
		围栏外	120.029	50.199	
兴安盟	扎赉特旗	围栏内	122.379	46.643	典型草原
		围栏外	122.379	46.643	
	乌兰浩特市	围栏内	121.963	46.372	典型草原
		围栏外	121.964	46.372	
通辽市	霍林郭勒市	围栏内	119.379	45.446	典型草原
		围栏外	119.378	45.445	

续表

盟市	调查点	草地管理方式	经度 / （°）	纬度 / （°）	草地类型
包头市	达茂旗	围栏内	116.411	64.802	荒漠草原
		围栏外	119.560	45.832	
巴彦淖尔市	海力素	围栏内	106.416	41.406	草原化荒漠
		围栏外	106.414	41.404	
	乌拉特中旗	围栏内	108.304	41.829	草原化荒漠
		围栏外	108.305	41.495	

图 2–5　内蒙古草地固碳潜力研究

2.2 草地碳储量的时间与空间格局

2.2.1　草地生态系统碳储量大尺度空间分布格局

基于多样点的野外调查，分析了内蒙古 4 个盟市的草地植被和土壤碳密度，从调查结果可以看出，呼伦贝尔市具有最高的地上碳和土壤固碳量（图 2–6），平均地上碳密度为（72.5 ± 5.1）g C/m^2，地下碳密度为（520.3 ± 26.5）g C/m^2。呼伦贝尔市位于水分条件最好的草原区，其植被生长明显好于其他草原区，尤其是该区域分布着面积较大的草甸草原，而草甸草原具有较高的固碳能力（图 2-7）。锡林郭勒盟的植被和土壤固碳量均较低，主要是由于该盟覆盖较大面积的荒漠草原。乌兰察布市的地上碳最低，仅为（30.0 ± 3.9）g C/m^2，但具有较高的植被碳密度，主要是采样点群落主要为灌丛化草原、木本植物地下根系发达所致。

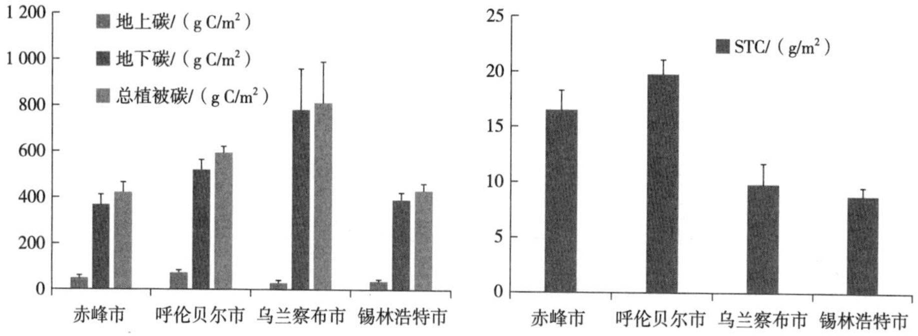

图 2-6　内蒙古 4 个盟市的草地植被和土壤碳密度

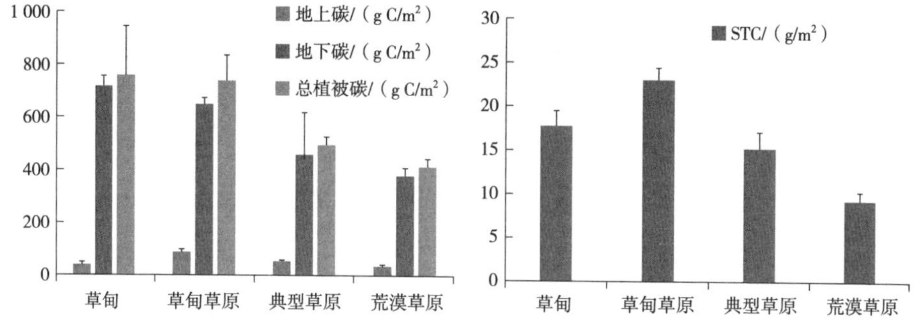

图 2-7　不同草地类型植被和土壤碳密度

2.2.2　草地生态系统碳储量长时间序列分布格局

内蒙古草地碳源 / 碳汇的精准评估主要基于不同时期草地碳库调查数据，根据克里格插值法来确定。通过空间插值，获得了 21 世纪初内蒙古草地碳储量的空间分布。内蒙古温带草地植被总碳储量为 182.8 Tg C（估算所用草地面积为 53.62 万 km^2)，1 m 深土壤有机碳密度为 6.68 kg/m^2，碳储量为 3.58 Pg C。为了比较内蒙古草地碳库的变化，我们收集了历史时期的相关资料（20 世纪五六十年代开始在内蒙古开展的植被和土壤普查整理的内蒙古草地资源和第二次土壤普查数据）。通过两个时期的对比得出，21 世纪初内蒙古草地的总植被碳储量比 20 世纪 80 年代降低了 9%（182.82 Tg C VS 200.91 Tg C）；草甸草原和荒漠草原的植被碳储量变化较小，典型草原碳储量增加了 14%，草甸的碳储量则减少最多（表 2–2）。

表 2–2　内蒙古草地 21 世纪初与 20 世纪 80 年代的植被碳密度和碳库比较

草地类型	可利用面积 /（$\times 10^4$ km^2）	地上碳密度 /（Mg C/hm^2）	地下碳密度 /（Mg C/hm^2）	地上碳储量 / Tg C	地下碳储量 / Tg C	总植被碳储量 / Tg C
草甸草原	8.6（6.3）	0.79（0.83）	4.13（5.13）	6.81（5.17）	35.68（32.14）	42.49（37.31）
典型草原	27.7（28.6）	0.44（0.47）	2.40（2.66）	12.23（13.31）	66.41（75.99）	78.64（89.29）
荒漠草原	8.4（8.9）	0.22（0.20）	1.49（1.22）	1.87（1.81）	12.53（10.83）	14.40（12.64）
草甸	9.3（9.8）	0.94（0.56）	6.14（3.87）	8.75（5.51）	56.89（38.06）	65.64（43.58）
总计	54.0（53.6）			29.66（25.8）	171.24（157.02）	200.91（182.82）
平均		0.55（0.48）	3.17（2.93）			

注：括号内的数值表示 21 世纪初的结果；括号外的数值表示 20 世纪 80 年代的结果。

就土壤有机碳库而言，内蒙古草地表层（0～30 cm）土壤有机碳 21 世纪初较 20 世纪 80 年代降低（2.13 Pg VS 2.36 Pg）10% 左右（表 2–3）。考虑到早期的草地资源清查和土壤调查缺乏详细的地理位置记录，基于草地类型和平均值对不同时期碳储量的比较存在较大的不确定性。

表 2-3 内蒙古草地 21 世纪初与 20 世纪 80 年代的草地土壤有机碳密度和碳库的比较

草地类型	21 世纪初				20 世纪 80 年代			
	0～30 cm SOCD/（kg/m²）	0～100 cm SOCD/（kg/m²）	0～30 cm SOCS/Pg	0～100 cm SOCS/Pg	0～30 cm SOCD/（kg/m²）	0～100 cm SOCD/（kg/m²）	0～30 cm SOCS/Pg	0～100 cm SOCS/Pg
草甸草原	6.68	11.80	0.42	0.74	8.27	8.71	0.72	0.65
典型草原	4.00	7.06	1.14	2.02	3.77	6.33	0.74	1.22
荒漠草原	2.30	4.01	0.20	0.36	1.74	4.37	0.35	0.72
草甸	3.81	4.69	0.37	0.46	3.45	6.35	0.55	0.78
平均	4.20	6.89			4.31	6.44		
总计			2.13	3.58			2.36	3.37

注：SOCD 为土壤有机碳密度。
SOCS 为土壤有机碳储量。

2015 年，采用重复采样法，对有详细经纬度记录的 21 世纪初碳储量调查采样点开展了原点位重复调查（图 2-8），评价了内蒙古各类草地固碳速率变化。2015 年，0～50 cm 内蒙古草地土壤有机密度比 21 世纪初增加了 22.3 Tg C/a（固碳率平均增加 0.8%/a）（图 2-9）；最明显的增加发生在典型草原、草甸草原，荒漠草原没有变化。

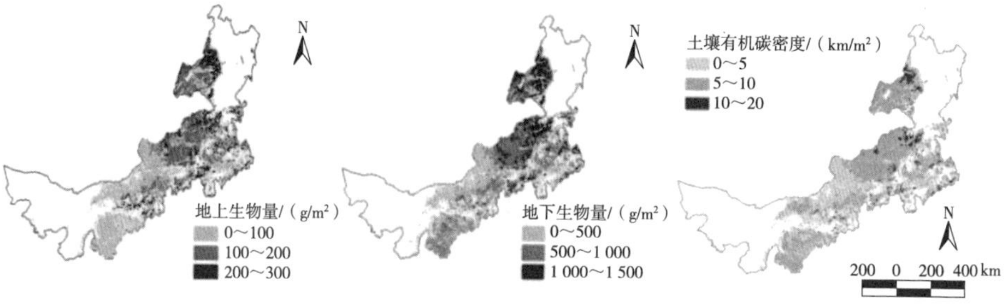

图 2-8 21 世纪初内蒙古草地植被和土壤碳密度的空间分布

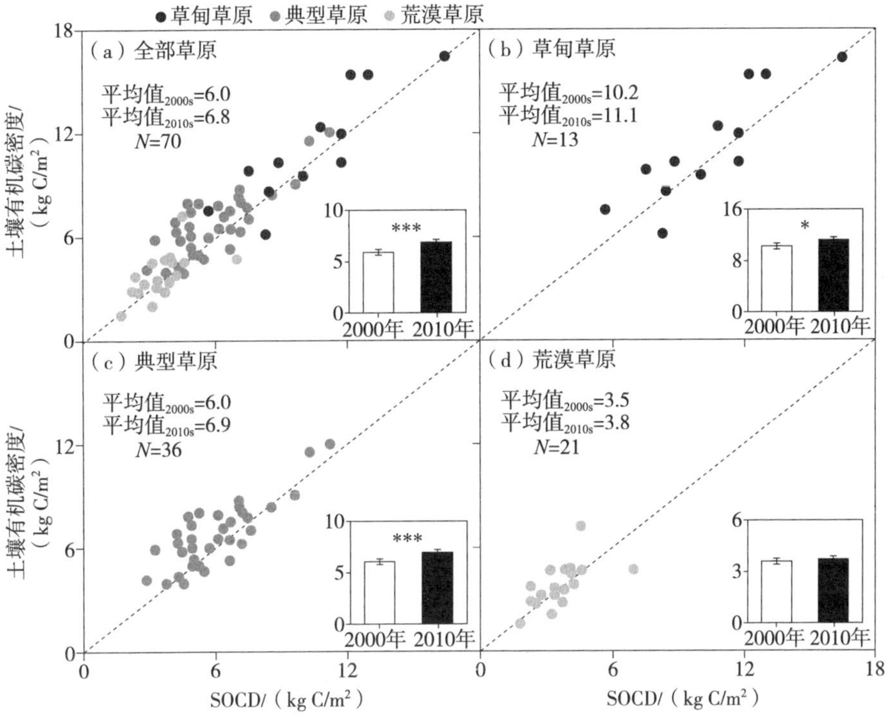

图 2-9　内蒙古草地土壤有机碳密度的比较

2.3 草地碳源 / 碳汇的变化

2.3.1　草甸草原碳源 / 碳汇的变化

内蒙古草甸草原的生物量（AGB）碳密度为 660.43 g C/m^2，其中地榆群落（460.63 g C/m^2）具有最高的地上生物量碳密度，地榆群落（787.10 g C/m^2）和五花草塘群落（776.22 g C/m^2）具有最高的地下生物量碳密度，其他群落间则不存在显著性差异（$P>0.05$）；温带草甸草原以 16.60 × 10^6 hm^2 的面积，贡献了 111.20 Tg 的生物量碳，其中地上生物量碳为 27.57 Tg，地下生物量碳为 83.63 Tg，根冠比（R：S）为 3.03：3，地下生物量沿土壤深度的分布可分为两种类型：线叶菊、芨芨草、野大麦、地榆、贝加尔针茅、苔草及五花草塘群落属于“指数型”，其地下生物量主要分布在0～10 cm土层，且符合指数函数，该类型占据草原群落的主要部分；拂子茅、小叶锦鸡儿及芦苇群落属于“抛物线型”，其地下生物量主要分布在0～10 cm和20～40 cm土层，该类别群落主要为灌木或半灌木。内蒙古草甸草原的地下生物量碳沿着土壤分布基本遵循两类趋势：一是地下生物量碳主要分布在0～10 cm土层，且明显高于其他土壤层次，地下生物量沿土壤深度的分布基本遵循指数函数，称为“指数型”；二是地下生物量碳主要分布在0～10 cm和20～40 cm 2个土层，拟合曲线遵循二次函数，称为“抛物线型”。

草甸草原生物碳储量的计算方法，主要分为两类：①对于已有群落类型的生物碳储量的计算，以群落的实际面积及测定出的生物量碳密度换算出生物碳储量，如线叶菊生物碳储量 =（线叶菊AGB碳密度 + 线叶菊BGB碳密度）× 线叶菊群落面积；②对于其他群落的生物量碳的计算，则借助已有碳储量的均值换算，即其他生物碳储量 =（AGB平均碳密度 +BGB平均碳密度）× 其他群落面积。温带草甸草原AGB碳密度的分布范围大体分为3个层次，即小于100 g C/m^2，100～150 g C/m^{2}及大于150 g C/m^2。其中分布范围最大的为大于150 g C/m^2，呈条带状分布；而100～150 g C/m^{2}在草甸草原上只有零星分布。BGB碳密度分布方面，大部分区域的碳密度小于500 g C/m^2，占据碳密度分布的主要范围；600～700 g C/m^{2}和大于700 g C/m^{2}在草甸草原仅有零星分布；500～600 g C/m^{2}主要分布在内蒙古中部地带。基于GIS已有数据，可知本研究中温带草甸草原总面积为16.60 ×10^6 hm^2，其中苔草群落分布面积最广，约为4.04×10^6 hm^2，线叶菊群落和芨芨草群落次之，分别为2.73×10^6 hm^{2}和2.23×10^6 hm^2，其他如芦苇群落（0.33×10^6 hm^2）、五花草塘群落（0.15×10^6 hm^2）等面积较小。据此换算，调查组野外取样涉及的群落面积约占温带草甸草原总面积的93%，可以准确反映温带草甸草原的实际情况，对这些群落碳储量的测量与估算，可以科学估测出温带草甸草原的实际生物碳储量。

可以看出，内蒙古草甸草原的总生物碳储量为111.20 Tg，其中地上生物碳总量为27.57 Tg，BGB碳总量为83.63 Tg。AGB碳储量方面，芨芨草、地榆和苔草群落分别贡献了6.36 Tg、6.37 Tg和6.87 Tg，是主要的地上生物量碳提供者；BGB碳储量方面，线叶菊群落、芨芨草群落、野大麦群落、地榆群落和苔草群落贡献最大，分别贡献了 10.74 Tg、12.10 Tg、12.02 Tg、10.89 Tg 和 19.65 Tg。根据现有生物碳储量，可以得出温带草甸草原的真实根冠比 R：S=83.63：27.57≈3.03。温带草甸草原地上、地下生物量碳密度分别为 146.76 g C/m^2 和 513.67 g C/m^2。本研究中温带草甸草原面积为 16.6×10^6 hm^2，贡献的总生物碳储量为 111.20 Tg，其中地上生物碳储量的总量为 27.57 Pg，地下生物碳储量的总量为 83.63 Pg（图 2-10）。典型植物群落分布见图 2-11。

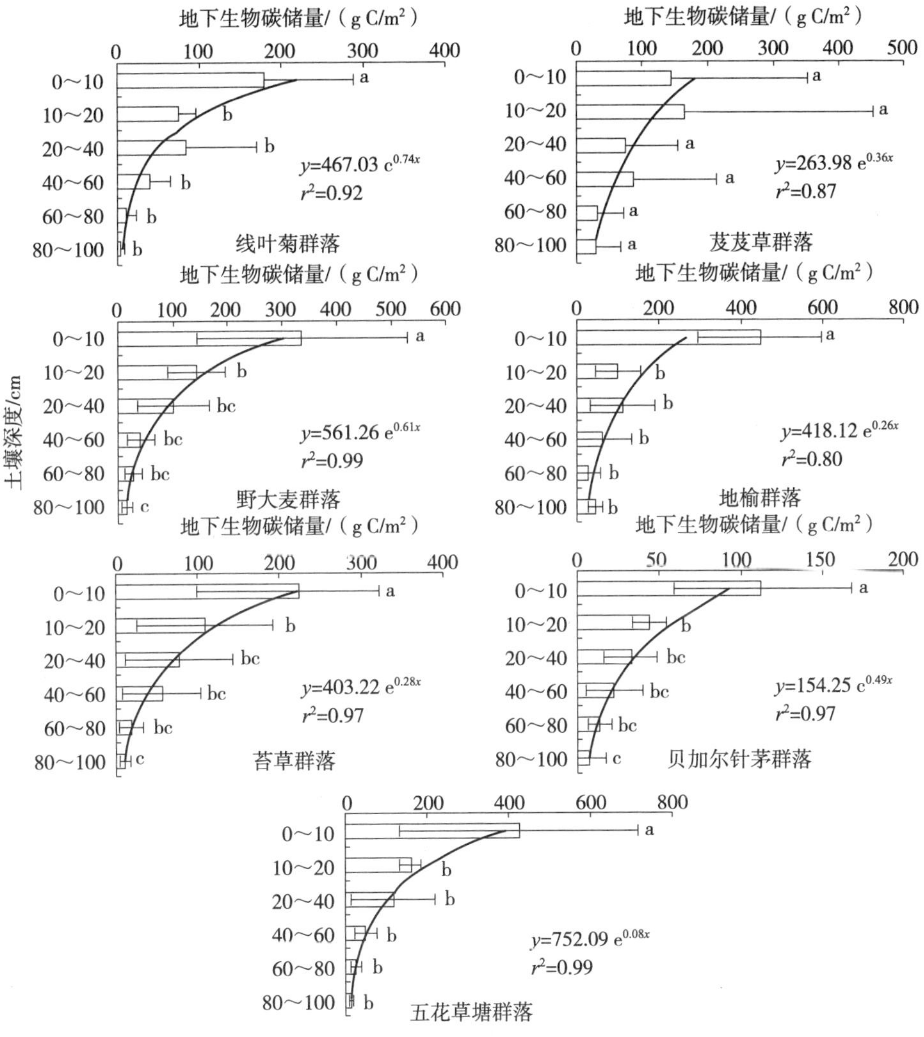

图 2-10　不同植物群落 BGB 分配情况

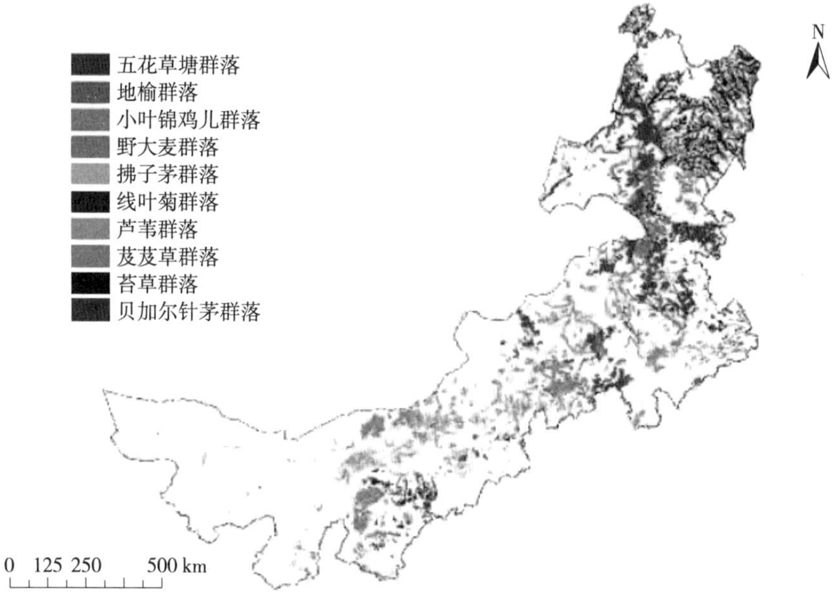

图 2-11　典型植物群落分布

2.3.2　典型草原碳源 / 碳汇的变化

采用系统动力学建模方法耦合光合利用率模型、放牧模型、土壤呼吸模型等，对内蒙古锡林郭勒盟典型草原固碳量及固碳潜力的估算表明，1998—2015 年，在内蒙古锡林郭勒盟温度降低、降水量增加的背景下，净初级生产力（Net Primary Productivity，NPP）呈升高趋势，典型草原土壤固碳量呈下降趋势；放牧强度在 3 羊 /hm^2 情况下净生态系统初级生产力最低，固碳潜力最大，分别为 16.2 g C/m^2 和 24.84 Tg C。因此，建议内蒙古锡林郭勒盟典型草原西部（阿巴嘎旗、那仁宝力格嘎查村）的放牧强度不宜超过 1.5 羊 /hm^2；东部（多伦县、东乌珠穆沁、西乌珠穆沁、锡林浩特市）不宜超过 4.5 羊 /hm^2。

内蒙古锡林浩特市毛登牧场及相邻地区 15 个温性典型草原的研究表明，典型草原群落地上生物量为 100.25～153.40 g/m^2。0～30 cm 土层土壤 pH 为 7.05～8.48、总氮为 0.76～1.87 g/kg、总碳为 10.50～19.86 g/kg，无机碳为 5.56～12.50 g/kg。0～30 cm 土层中未退化群落土壤 pH（8.26）显著高于退化群落，未退化、轻度、中度退化群落随土层加深均显著增大。总氮在中度退化群落（1.49 g/kg）最高，各群落的总氮随土层加深均显著减小。重度退化群落的总碳（13.40 g/kg）和无机碳（7.17 g/kg）均显著低于其他 3 类群落，仅重度退化群落随土层加深显著减小。土壤 pH、总碳和无机碳均表现为未退化群落＞轻度退化群落＞重度退化群落的规律，中度退化群落的情况较复杂。各群落微生物生物量氮为 10.18～44.00 mg/kg，微生物生物量碳为 464.01～696.64 mg/kg。5～30 cm 土层中微生物生物量氮中度退化群落最高（34.99 mg/kg）。未退化群落的微生物生物量碳（618.35 mg/kg）显著高于中度退化群落（545.38 mg/kg）和重度退化群落（516.57 mg/kg）。各群落的有机碳为 4.05～9.02 g/kg，颗粒有机碳为 0.48～3.68 g/kg，矿物结合有机碳为 2.7～7.79 g/kg，易氧化有机碳为 2.41～7.74 g/kg。0～30 cm 土层中，有机碳和矿物结合有机碳在中度退化群落最高，分别为 7.60 g/kg 和 6.48 g/kg，表明适度放牧有利于草原生态系统碳库；未退化群落的颗粒有机碳（3.20 g/kg）显著高于退化群落；重度退化群落的易氧化有机碳（3.61 g/kg）显著低于其他 3 类群落；微生物生物量碳、颗粒有机碳及易氧化有机碳含量由高到低的顺序均表现为未退化群落＞轻度退化群落＞中度退化群落＞重度退化群落。有机碳和活性有机碳组分间呈显著正相关，对退化敏感性组分依次为微生物生物量碳＞颗粒有机碳＞易氧化有机碳＞有机碳。微生物生物量碳、颗粒有机碳和易氧化有机碳分配比例分别为 7.48%～13.88%、10.03%～63.60% 和 11.93%～43.64%。0～30 cm 土层中，未退化群落的微生物生物量碳分配比例（12.05%）显著高于轻度退化群落（9.15%）和中度退化群落（7.59%）；未退化群落的颗粒有机碳分配比例（54.16%）显著高于退化群落，易氧化有机碳分配比例（33.70%）显著高于重度退化群落（20.28%），这说明退化群落土壤稳定性较高，但基于微生物生物量碳分配比例表现为中度退化群落稳定性最高。

2.3.3　荒漠草原碳源 / 碳汇的变化

以内蒙古荒漠草原的代表性类型小针茅草原作为研究对象，测定 5—9 月生长季各月地上生物量、各层地下生物量及土壤有机碳含量，探讨小针茅草原生物量和土壤有机碳的季节动态，以苏尼特右旗为例，碳储量时空分布研究结果显示苏尼特右旗2006年、2011年和2012年的草地总碳储量分别为329.86 Tg、328.63 Tg和335.03 Tg。土壤碳储量占总碳储量的95%以上，根系碳储量是地上生物碳储量的20倍。2012年苏尼特右旗平均地上生物量明显高于2006年和2011年，分别为59.08 g/m^2、37.59 g/m^2和41.23 g/m^2。苏尼特右旗草地土壤平均碳密度为14 626.36 g/m^2。不同草地类型土壤碳密度不同，短花针茅草原的土壤碳密度最高，为18 690.3 g/m^2，红砂、珍珠柴草原化荒漠的土壤碳密度最低，只有4 358.43 g/m^2。

苏尼特右旗近30年的气温变化呈升高趋势，以夏季和秋季最为明显。降水量开始出现以夏季降水为主导的全年降水减少趋势。地上碳库和根系碳库与年降水量均呈显著正相关，与年平均气温呈负相关。苏尼特右旗气温升高及夏季降水减少的趋势不利于碳储量的积累；苏尼特右旗小针茅草地、无芒隐子草草地生长季各月地上生物量和地下生物量均随放牧强度增加而显著减少。与围栏封育对照区相比，轻度放牧区的土壤有机碳有所增加，中度放牧、重度放牧和极重度放牧的试验小区土壤有机碳较对照区均有不同程度降低；小针茅+无芒隐子草草地生长季各月土壤微生物数量与草地地上生物量呈显著正相关。不同放牧强度下三大类群土壤微生物数量与土壤有机碳、气温和降水量均呈极显著正相关。

2.4 不同管理措施对草地碳源/碳汇的变化影响

2.4.1 不同放牧强度对草地碳源/碳汇的变化影响

针对锡林郭勒盟放牧扰动下草原土壤固碳量时空变化的研究显示，在不同的放牧强度设置下，锡林郭勒盟典型草原在1998—1999年、2012—2013年，净生态系统生产力（Net Ecosystem Productivity，NEP）的变化范围在0附近，因此不同的放牧强度会影响该地区变碳源/碳汇的变化，其他放牧强度（1.5～9.0羊/hm^2）下，1999—2012年和2013—2015年均属于碳源；碳源效果在2000年最强。净初级生产力（NPP）与异养呼吸（Rh）的变化趋势相似，在NPP较高的年份，Rh也较高，NEP的变化范围也更大。NPP、

Rh 和 NEP 的季节趋势表明，NPP 和 Rh 呈相同的季节趋势，NPP 和 NEP 总体呈相反趋势。在围栏封育情景下，10 月为碳源最强的月份；在自由放牧情境下，全年除 1 月和 2 月外，该地区均为碳源，7 月为 NPP 最高的月份，同时是该地区生态系统释放碳最多的月份，碳损失最大。因此，放牧破坏了自然状态下的净生态系统初级生产力季节模式，将 10 月为最强、4 月为次强的多谷值的季节格局变为 7 月最强、9 月次强的季节格局。

以中国科学院内蒙古草原生态系统定位站为研究基地，以内蒙古锡林河流域温带半干旱典型羊草草原生态系统为研究对象，采用野外试验与室内化学分析相结合，统计分析了不同环境因子下自由放牧和围栏封育对温带半干旱典型羊草群落土壤呼吸的可能影响。结果显示，放牧没有改变羊草群落土壤呼吸的季节性变化特征，土壤呼吸速率的变化趋于平缓，其变化幅度小于封育样地；在生长季放牧样地土壤呼吸速率显著低于封育样地，冬季两样地土壤呼吸强度相近，均处于较低水平，而且出现负通量的现象，放牧使羊草群落土壤呼吸年总量下降了 33.95%。整体来看，温度是羊草群落土壤呼吸最主要的影响因子，同时放牧提高了土壤呼吸对温度变化的敏感性，封育样地和放牧样地土壤呼吸与温度因子均呈显著相关（$P<0.01$，$n=15$），其中与 10 cm 处地温相关性最好；利用逐步回归分析方法得出，在生长季水分影响作用高于温度，成为土壤呼吸的主要限制因子，羊草群落封育样地 0～10 cm 土壤含水量的变化可以解释土壤呼吸变异的 87.4%，放牧样地 10～20 cm 和 20～30 cm 土壤含水量的共同变化解释了土壤呼吸变异的 74.9%。草原生态系统根系呼吸与土壤总呼吸的区分应用根系生物量外推法测得，在生长季内蒙古锡林河流域羊草群落自由放牧样地根系呼吸占土壤总呼吸的比例为 55.1%～72.9%，平均值为 59.5%；土壤深层水分与土壤总呼吸的关系十分密切，20～30 cm 土壤含水量解释了土壤总呼吸的 88.6%～96.5%；根系呼吸与地表温度、10 cm 地温与 20～30 cm 土壤含水量关系密切；根系生物量的大小是决定土壤总呼吸及根系呼吸的主要生物因子。根系生物量与土壤排放 CH_4 速率具有明显的线性相关关系，但是由于土壤微生物对 CH_4 既有吸收又有排放，因此，土壤排放 CH_4 速率仍然没有规律可循。土壤排放 N_2O 速率与根系生物量没有明显的相关关系。

2.4.2　不同刈割强度对草地碳源 / 碳汇的变化影响

在锡林郭勒典型草原实验样地，从2000年开始，考察了割草（M，mowing）、放牧（G，grazing）、围封（E，enclosure）3种不同利用方式对羊草群落土壤CO_2排放的影响，割草、放牧、围封影响了羊草群落土壤CO_2排放，与放牧相比割草和围封增加了羊草群落土壤呼吸速率，而放牧延缓了羊草群落土壤呼吸速率。割草在典型草原CO_2累积排放量最高，CO_2累积排放量排序为割草11 301.9 kg C/（hm^2·a）＞围封10 055.3 kg C/（hm^2·a）＞放牧7 526.247 kg C/（hm^2·a）。羊草群落土壤根呼吸占土壤总呼吸的38.25%～42.50%，土壤微生物呼吸占土壤总呼吸的57.50%～61.75%。相较于割草和放牧处理，围封增加了典型草原土壤呼吸的温度敏感性（Q10）；相较于割草和围封处理，放牧增加了典型草原土壤微生物呼吸的温度敏感性；相较于放牧和围封处理，割草增加了典型草原根呼吸的温度敏感性。土壤因子、气候因子、微生物因子、植被因子对土壤呼吸的解释度依次减小，土壤因子中土壤容重、pH、土壤含氮量对土壤呼吸影响显著（$P<0.05$）。长期（15年）割草、放牧、围封改变了典型草原土壤微生物群落结构，围封下细菌和真菌在水平上丰富度最高，放牧显著降低（$P<0.05$）了典型草原土壤真菌群落生物量及物种丰富度。割草、放牧、围封下的典型草原土壤碳输入的主要来源为植被地下生物量碳，土壤有机碳密度占土壤碳储量的97%，不同利用方式下羊草群落土壤有机碳密度无差异（$P>0.05$），与割草和围封相比，放牧削弱了土壤CO_2的排放能力，减少了典型草原碳输出。因此，适度放牧不仅可以增加草原物质循环，还可以提高草原生产力，是发展低碳高效草牧业的重要方式。

针对内蒙古典型草原植被，考察了刈割和氮输入对植被碳库、氮库的影响，结果表明刈割明显降低了植物生物量和碳库、氮库（$P<0.05$），氮添加可促进刈割后的生长补偿；氮添加显著提高了植物生物量及碳库、氮库（$P<0.05$），同时改变了地上、地下部分生物量和碳库、氮库的分配；不同水平的氮添加影响植被碳库、氮库，当氮输入水平为10 g N/（m^2·a）时，植被碳库、氮库最高。以上结果表明，刈割与氮10 g N/（m^2·a）输入相结合可支持内蒙古典型草原的可持续利用。依托内蒙古典型草原的长期野外放牧控

制试验，探讨了刈割对土壤有机碳和微生物生物量碳及氮的影响，结果表明，刈割使可提取有机碳升高 5.8%，使可提取氮升高 10%～240%。

2.4.3　不同开垦强度对草地碳源 / 碳汇的变化影响

以内蒙古草原为研究区，基于《2006 年 IPCC 国家温室气体清单指南》中关于碳收支清单方法，分析 2001—2015 年内蒙古各管理草地面积变化动态，并估算不同管理措施（禁牧、休牧、轮牧、围栏、改良和人工种草）下内蒙古不同类型草原（温带草甸草原、温带典型草原和温带荒漠草原）表层土壤有机碳储量。结果表明：① 2001—2015 年内蒙古各管理草地面积变化不一致，活动面积整体随时间呈显著增加趋势（$P<0.01$）；②不同草地管理措施下土壤固碳速率变化不同。禁牧和休牧措施下的土壤固碳速率呈显著上升趋势（$P<0.05$），草地管理措施促进土壤固碳；③ 2001—2015 年内蒙古草地总体表现为碳汇，采用整合分析（Meta-analysis）得到不同草地管理措施下土壤有机碳的确定区间，土壤有机碳变化速率平均为（473.70 ± 53.93）万 t/a（以 C 计）；不同类型草地土壤固碳速率均增加，其中典型草原的年变化量最大，平均为（174.22 ± 74.70）万 t/a（以 C 计）。内蒙古草地生态系统具有较大的碳汇潜力，在未来全球碳平衡中将发挥更大的作用；草地生态管理提升了土壤有机碳汇速率，不仅有利于北方草地的生态保护，也为我国生态、经济和社会效益提供了保障。

人工种草是缓解天然草地放牧压力、促进退化草地恢复的有效方式，也是重要的碳汇来源。人工种草通过对草地实施播种、灌溉等合理的人为干预，有效提高土壤质量，促进草地生长，增加土壤团聚体含量、稳定性及土壤固碳容量，能在一定程度上影响土壤的碳固持能力，使草地生态系统逐渐由碳源演变为碳汇。在四子王旗荒漠草原区，人工种草能够有效地增加土壤碳储量，紫花苜蓿、柠条和小叶锦鸡儿的固碳能力较强。

内蒙古典型草原区退化草地修复工程措施的评价显示，自然恢复、浅耕翻、耙地修复工程都能使因长期放牧而导致的退化草地的植被和土壤条件得到改善，显著修复退化草地生态系统的功能和服务。浅耕翻修复可以促进草地生产力快速提升，修复工程措施实施后的前 7 年，浅耕翻修复产生的经济效益远高于自然恢复和耙地修复。修复戈程措施实施前 9 年，浅耕翻修复对有机碳含量的提高效果更好。但后 9 年，浅耕翻修复土壤的养分储存和水分保持等生态效益不如自然恢复，防风蚀效果也不如自然恢复。耙地修复的整体效果介于自然恢复和浅耕翻修复之间，前 9 年的生产固碳效果不如浅耕翻修复；但之后的生产和生态效益好于浅耕翻修复。耙地修复的防风蚀效果好于浅耕翻修复。自然恢复 7 年后，其经济效益超过浅耕翻修复。在持续 23～26 年后，自然恢复能使土壤有机碳储量最先达到相对稳定状态，生态系统养分循环、水分保持和防风蚀效果最好。在长期割草退化草地上，施肥（化肥）可以提升草地生产力，但其成本较高，并不能产生较好的生产效益。施肥并没有增加土壤养分积累，甚至会使草地土壤有机碳损失，使草地成为碳源。

采用野外观测和室内测定相结合的方法，研究开垦和放牧对内蒙古草原典型样地土壤碳库和温室气体通量的影响，结果显示内蒙古草甸草原开垦 30 年后，与天然草原相比，在 0～20 cm 土壤有机碳和土壤微生物量碳含量均没有显著下降，但开垦导致土壤易分解碳含量下降了 24%。土壤易氧化碳受季节性水热因子的驱动，表现出明显的季节变化动态。草原开垦后，土壤 - 植物系统氧化大气 CH_4 的能力明显提高，农田和天然草原 CH_4 平均吸收通量分别是 48.9 μg C/（m^2·h）和 29.0 μg C/（m^2·h），开垦后增加了 1.7 倍。开垦没有改变 CH_4 吸收通量“夏季高、秋季低”的季节变化规律（由降水决定）；开垦使 N_2O 的平均释放通量增加了 47%，农田和天然草原 N_2O 平均吸收通量分别是 56.6 μg N/（m^2·h）和 38.6 μg N/（m^2·h）；开垦同时增大了通量的变异幅度，但没有改变 N_2O 季节变化规律，只是出现高峰的时间较天然草原推后了约 10 d。

2.5 小结

基于内蒙古大学多样点野外调查对内蒙古 4 个盟市的植被和土壤碳密度的分析结果显示，呼伦贝尔市具有最高的地上和土壤固碳量，这与其水分条件、植被生长呈正相关，该区域分布着面积较大的草甸草原，具有更高的固碳能力。相较而言，锡林郭勒盟的植被和土壤固碳量均较低，主要是该盟覆盖较大面积的荒漠草原。乌兰察布市的地上生物量最低，但具有较高的植被碳密度，主要是采样点群落主要为灌丛化草原，木本植物地下根系发达所致。基于不同时期草地碳库调查数据分析显示，21 世纪初内蒙古草地的植被碳储量比 20 世纪 80 年代降低了 9%，草甸草原和荒漠草原的植被碳储量变化较小，但典型草原碳储量增加了 14%，草甸草原减少最多，达 50%。

研究显示，草甸草原和典型草原地上生物量季节动态均为单峰形曲线，与降水呈显著正相关（$P<0.05$），但地下生物量季节动态表现为草甸草原呈“S”形曲线，典型草原则是双峰形曲线，与温度、降水相关性均不显著（$P>0.05$）。

不同管理措施对草地碳源 / 碳汇的变化影响研究显示，放牧、刈割及开垦强度的增加会对草地退化趋势的增加及碳汇潜力的减少产生影响，需要提高草地可持续生产力，创新草原管理理念，理解草原碳循环过程与机理，加强草地资源可持续管理与利用。

第 3 章
重大生态工程（禁牧）对草地碳源 / 碳汇的变化影响

3.1 内蒙古地区重大生态工程概况

内蒙古实施的重大生态工程包括“三北”（西北、华北和东北）防护林建设、京津风沙源治理、天然林资源保护、退牧还草、退耕还林还草、禁牧等。

为依法保护草原、维护生态安全，实现草原资源永续利用，推动草原畜牧业发展与草原生态保护相协调，根据《中华人民共和国草原法》和国家有关法律法规，结合实际情况，内蒙古草畜平衡和禁牧、休牧工作应坚持以生态优先、绿色发展为导向；坚持以草原生态保护为目标，自然恢复为主的方针；坚持因地制宜、分类指导，以草定畜、动态平衡，责权明确、奖惩并举的原则。

长期以来，人们只把草原当作牲畜的“粮食”，忽略了草原在陆地生态系统中兼有调节气候、涵养水源、防风固沙、保持水土、净化空气、美化环境等功能。内蒙古地处祖国北疆，横跨“三北”，是我国北方面积最大的生态功能区和重要的生态安全屏障。近年来，内蒙古持续推进重大生态工程，生态状况逐步好转。但同时内蒙古的生态环境还比较脆弱，生态系统修复难度大，构建生态安全屏障任重道远。

禁牧是把草场封起来禁止放牧，政府把牧民转移到其他地区另找出路，腾出草场休养生息，让草场自然恢复；休牧是让一部分牧民一段时间内不放牧；轮牧是在几个草场轮流放牧，让草场有季节的休息。自2000年以来，内蒙古自治区人民政府决定用禁牧、休牧、轮牧的“新三牧”制度让草原休养生息。草原陆续进入春季禁牧、休牧期，休牧时间约为2个月，禁牧时间在1年以上。到2007年，内蒙古13亿亩草原，禁牧、休牧面积达6.24亿亩，其中禁牧面积为2.06亿亩，休牧面积为4.18亿亩，约一半草原进入“假期”。

禁牧区每5年划定一次。禁牧区草原应当严格限制打草。对植被恢复较好的禁牧区，经旗县级人民政府林草行政主管部门批准后，可以进行保护性打草。对植被有效恢复的禁牧区草原可以调整为草畜平衡区，科学放牧利用。具体调整办法由内蒙古自治区人民政府制定。

大量研究表明，退化草原生态系统恢复后其植被和土壤的碳储量都显著增加。在内蒙古锡林郭勒盟典型草原进行的长达10年的草原碳通量连续监测发现，退化草原群落在围封恢复过程中的碳固持能力明显高于长期围封的草原群落，碳汇潜力平均为80 g C/（m^2·a），这表明我国北方退化草原生态系统具有很强的固碳潜力。但是一些长期的研究同时表明这种碳储量的潜力是有限的，这可能是由于碳输入的增加影响了原来储存在土壤中的有机碳的降解，即“激发效应”，导致土壤的碳储量没有明显变化甚至降低。此外，草原生态系统碳固持能力的大小与恢复时间有关。在恢复初期，植物的净初级生产力恢复并维持在较高水平，异养呼吸强度较弱，生态系统固碳潜力最大，随着恢复时间的延长，异养呼吸的强度增加，其植被和土壤对碳的固定作用逐渐减弱，最终达到碳输入与碳输出的平衡状态。在北美的相关研究发现，草原最大固碳潜力发生在生态系统恢复5年左右，之后其固碳潜力将逐渐下降，而恢复10年后固碳潜力接近于0。因此，在草原恢复过程中，随着围封年限的延长，草原碳储量并没有进一步增加，而是出现了饱和现象。

3.2 数据来源与分析方法

3.2.1 数据来源

研究以内蒙古草地现场采样获得的实验数据、文献及内蒙古自治区林业和草原局的数据为基础，估算我国草地在实施禁牧、休牧、轮牧、围栏、改良5种草地管理措施下的碳储量动态变化，并估算我国重大生态工程减排增汇的潜力。

采集绿色植物部分、地表凋落物、细根和土壤样品。地上植物部分在105℃条件下干燥30 min，然后在80℃至恒重并称重。将地上植物部分研磨并通过0.25 mm的筛子筛分，使用重铬酸钾法测量碳含量。细根生物量采用土钻法测定，在每个样方中随机选择6个采样点，采集10 cm × 10 cm × 10 cm的土块，将直径小于2 mm的根全部挑出，用水洗净后烘干称定质量。将混合后的样品带回实验室，经风干、过筛、磨碎后，留作化学分析用。土壤样品通过2 mm的筛孔筛分，以去除大的根和石头，然后风干、研磨并通过0.25 mm的筛子筛分，测量土壤有机碳含量。

由于2000年前的内蒙古草地管理面积数据缺失，采取对应年份等比例换算的方法，首先获取全国草地管理面积数据，参考对应年份在20年前后的各项草地管理措施，按照内蒙古在全国的面积占比计算当年的内蒙古草地管理面积。根据全国草地资源的统计获取了1981—1995年全国草地当年和现存围栏面积以及人工种草面积的时间序列数据。通过统计回归的方法建立回归模型，对缺失的草地管理面积数据进行插补。

根据《中国草业统计》系列图书获取2001—2020年内蒙古禁牧、休牧、轮牧、围栏、改良5种草地管理措施面积的原始数据，为避免与禁牧管理面积重叠，围栏面积只计入当年新增面积，其他管理措施以现存面积计入。

根据《内蒙古草业统计（2009—2018）》获取2009—2018年内蒙古各盟市禁牧、休牧、轮牧、围栏、改良5种草地管理措施面积原始数据，为避免与禁牧管理面积重叠，围栏面积只计入当年新增面积，其他管理措施以现存面积计入。

2008—2021年禁牧和正常放牧草原生物量由内蒙古自治区林业和草原局提供。技术支撑单位运用地理信息技术（“3S”技术），结合地面监测和入户调查数据，按不同区域与草地类型建立估产模型，并组织有关专家对监测结果进行会商。

3.2.2　分析方法

（1）土壤有机碳：采用重铬酸钾法。

（2）地上生物量碳密度：采用重铬酸钾法。

（3）地下生物量碳密度：采用重铬酸钾法。

（4）土壤碳储量：草原土壤碳储量的计算公式为

$$\mathrm{SOCD}_k=C_k\times D_k\times E_k/100 \tag{3-1}$$

式中：SOCD_k 为第 k 层土壤有机碳密度，t/m^2；k 为土壤层次；C_k 为第 k 层土壤有机碳含量，g/kg；D_k 为第 k 层土壤容重，g/cm^3；E_k 为第 k 层土层厚度，cm。

（5）草原生物碳储量：草原生物碳储量 = 植被面积 × 生物量碳密度。

3.3　不同禁牧年限对草地生物碳储量的影响

3.3.1　不同地区禁牧、休牧等草地面积变化趋势

基于已经取得的1981—2020年内蒙古全区草地管理建设情况及2009—2018年各盟市草地管理建设情况详细数据，对数据进行了初步分析处理。

1981—1995年在草地管理措施下的草地面积呈增加趋势，无管理措施的草地面积不断下降。不同草地管理措施面积增速不同，增速最快的是人工种草。随着草地管理面积不断增加，无管理措施的草地面积不断减小。

禁牧和休牧从2001年开始，保护草地面积显著增加（图3-1）。2001—2015年各管理措施下的草地面积变化动态呈现不一致性，均与1981—1995年的变化趋势不同。禁牧、休牧均与时间呈显著正相关（$P<0.01$），2001—2015年轮牧面积整体呈断崖式变化，2001—2010年呈线性增长（$P<0.01$），在这之后急速下降，2014年和2015年无轮牧面积，这些变化可能与地方规划及政策的改变有关，围栏面积随时间推进呈显著减少趋势（$P<0.05$），且减少的围栏草地面积主要转移到禁牧措施下，人工种草面积变化也无明显规律性，整体无明显变化。总体来看，无管理措施的草地面积显著减少。

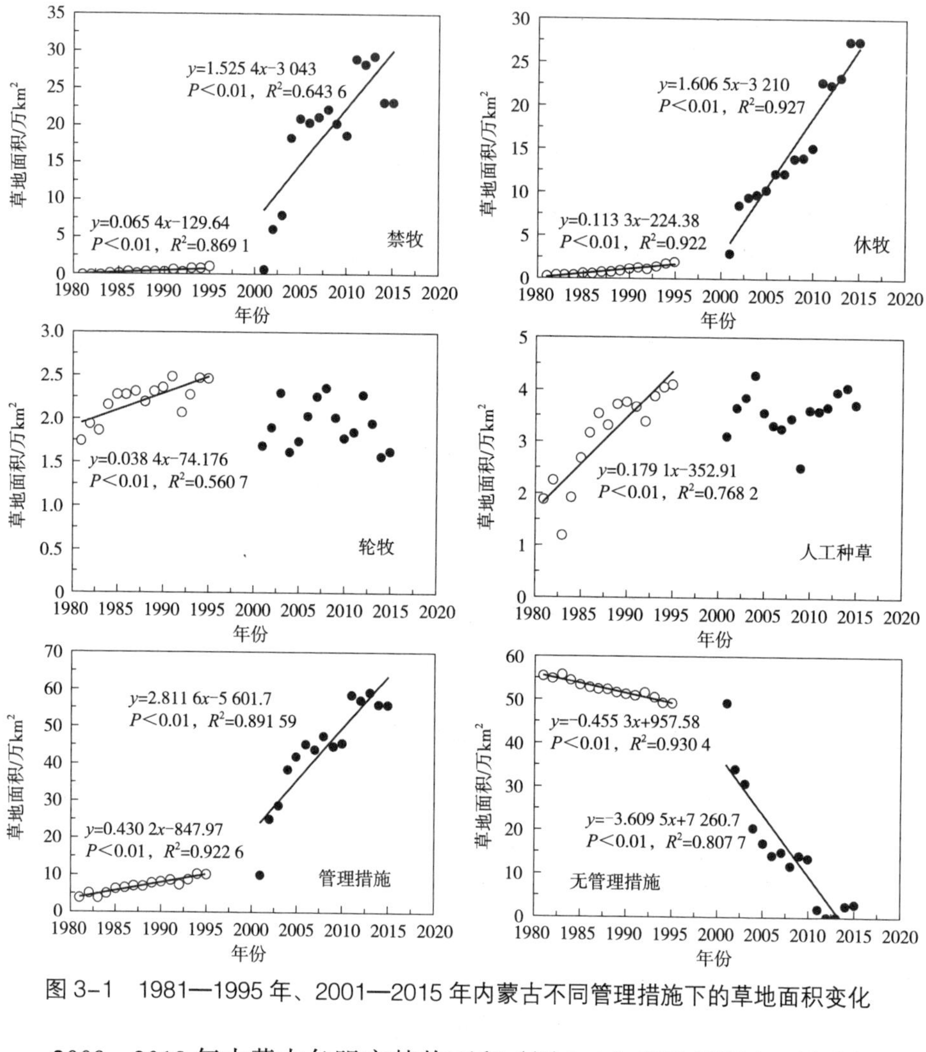

图 3-1　1981—1995 年、2001—2015 年内蒙古不同管理措施下的草地面积变化

2009—2018 年内蒙古各盟市禁牧面积（图 3-2）实施情况各不相同，不同年际之间禁牧实施情况也各不相同。由于内蒙古各盟市面积不同，因此采用禁牧面积 / 盟市面积的方式来比较各盟市之间的实施情况。其中，禁牧实施程度最好的是包头市，禁牧率达 90%，呼伦贝尔市的禁牧率最低。

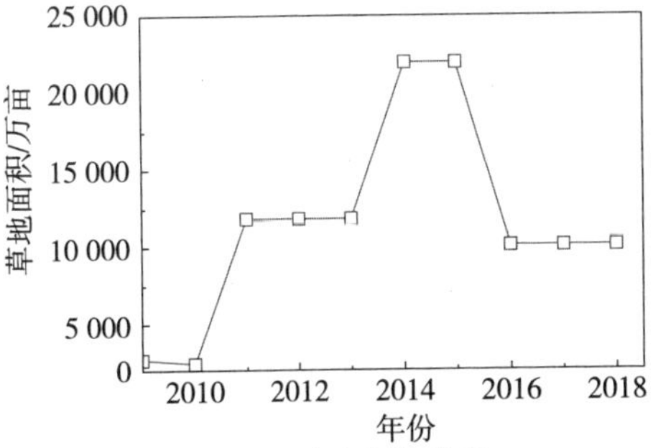

（a）阿拉善盟

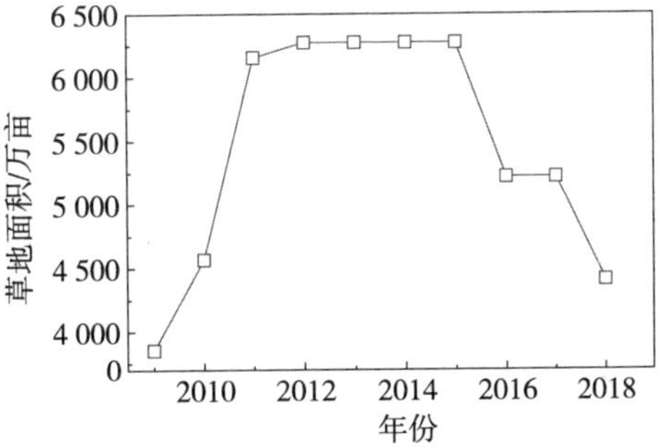

（b）锡林郭勒盟

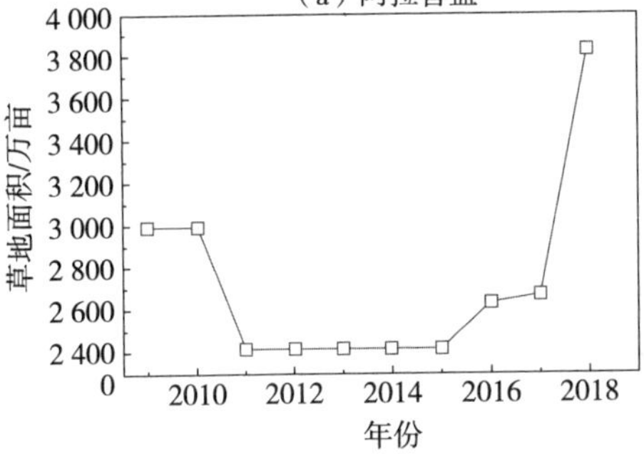

（c）包头市

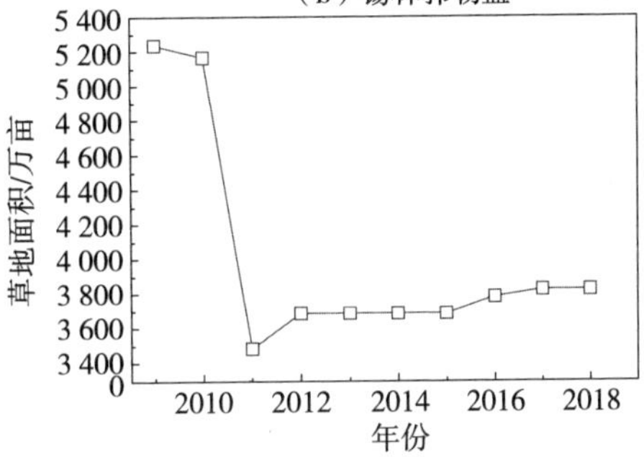

（d）赤峰市

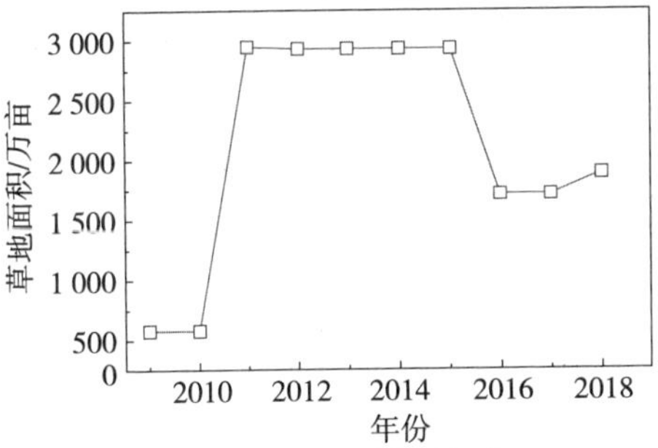

（e）呼伦贝尔市

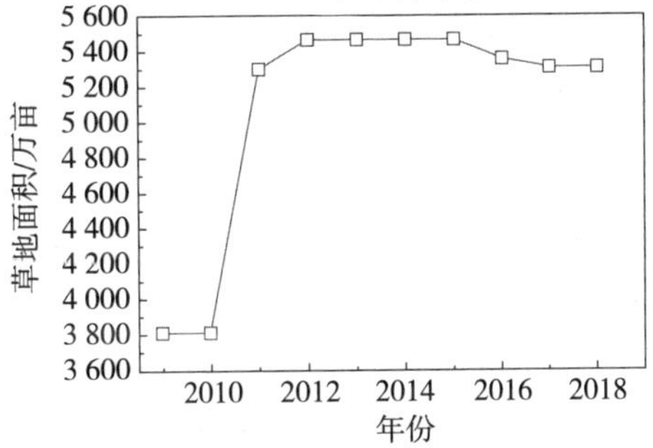

（f）鄂尔多斯市

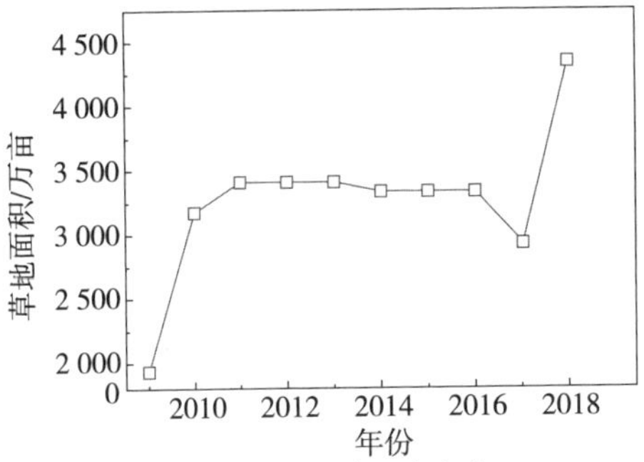

（g）乌兰察布市

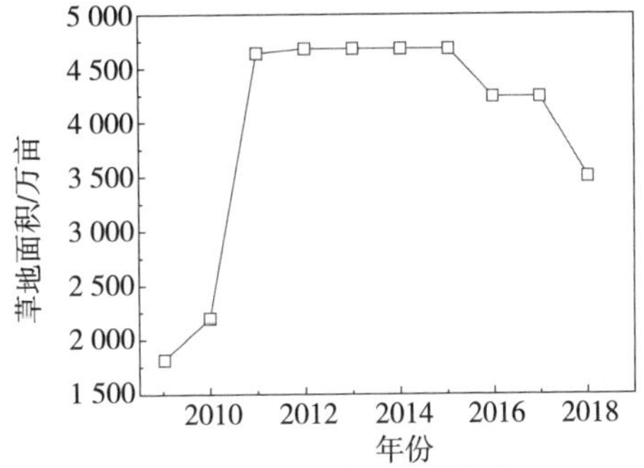

（h）巴彦淖尔市

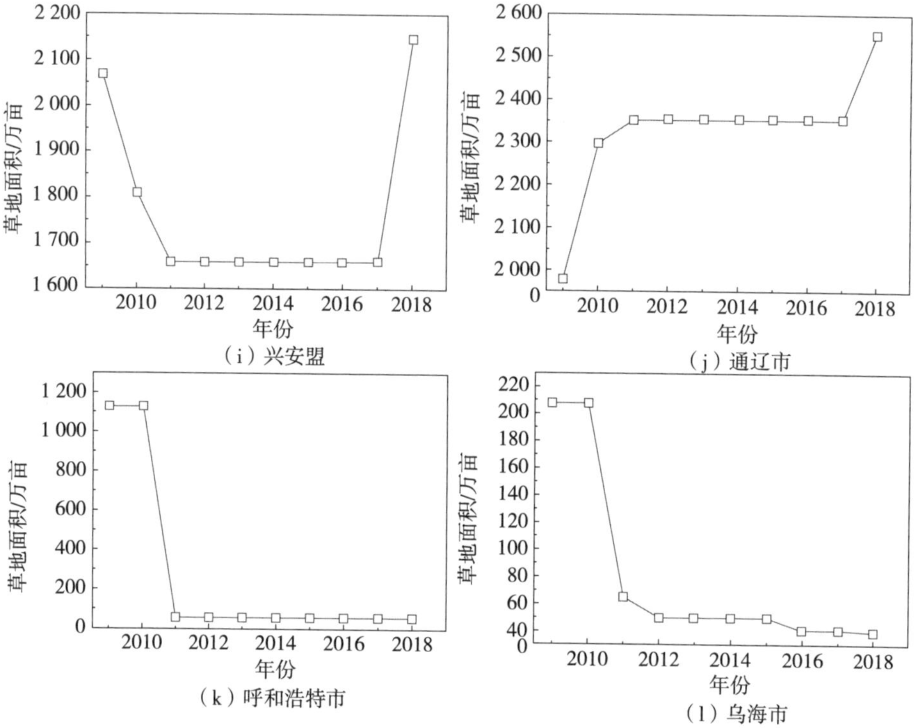

图 3-2　2009—2018 年内蒙古各盟市禁牧面积变化

3.3.2　放牧强度对典型草原植被和土壤固碳量的影响

通过内蒙古典型草原长期放牧实验观测，我们研究了典型草原在放牧退化恢复后的固碳潜力，得出以下主要结果：

典型草原退化后在自然封育恢复措施下，草地植被固碳量提高（图 3-3），主要是地上生物量增加效果最明显，而且在不同年份均有提高。多年监测结果表明，在排除放牧（完全禁牧）后，典型草原的植被碳密度最高，比轻度放牧、中度放牧和重度放牧的地上植被碳密度分别提高 35.34%、49.76% 和 75.38%；轻度放牧则促进了植被固碳向地下转移，其地下根系碳密度比不放牧、中度放牧和重度放牧分别提高 11.47%、1.63% 和 7.87%；有机碳密度也在禁牧恢复后达到最大值，比轻度放牧、中度放牧和重度放牧下典型草原（大针茅草原）地上植被碳密度分别提高 2.6%、7.3% 和 2.1%。随着放牧程度增加，典型草原的土壤有机碳含量均有一定程度的降低，但中度退化草地减少得最明显，这意味着中度退化草地恢复后具有更大的固碳潜力［图 3-3（c）］。然而，实验结果并不支持重度利用草地的土壤有机碳含量显著减少，可能是因为重度利用草地有部分动物粪便返还导致土壤有机质含量并没有减少太多。

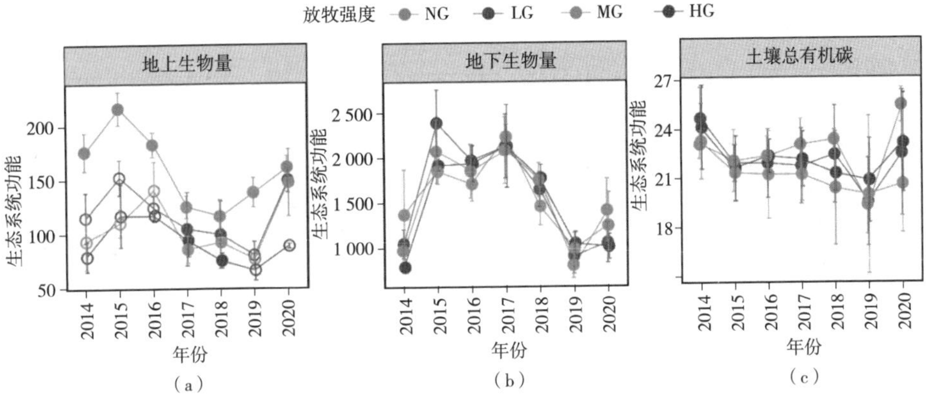

图 3-3 不同放牧强度对典型草原植被固碳量和土壤总有机碳的影响

注：NG 表示排除放牧；LG 表示轻度放牧；MG 表示中度放牧；HG 表示重度放牧。

随着放牧强度增加，轻组有机碳含量（主要包括不完全分解枯落物碳）轻微增加，轻度放牧、中度放牧和重度放牧分别增加了 6.6%、0.9% 和 10.9%，但与未退化草地（对照 NG）相比，并没有显著差异［图 3-4（b）］。这可能是因为，放牧强度的增加加快了不完全分解枯落物碳（轻组有机碳）进入土壤。但重组有机碳在不同放牧强度下具有明显差异，轻度放牧、中度放牧和重度放牧下重组有机碳分别降低了 3.70%、7.20% 和 4.6%［图 3-4（e）］。在土壤有机碳组成中，重组（稳定）有机碳占主要比例（约占 90%），这部分有机碳相对稳定［图 3-4（d）］，轻组有机碳含量少。因此，草地利用强度增加后，由于这部分有机碳的稳定性较强，导致土壤碳库相对稳定，不易随轻组有机碳的变化而变化，这部分碳是草地固碳潜力的关键，在固碳潜力恢复中，提高重组碳含量是增加草地土壤固碳能力的关键。

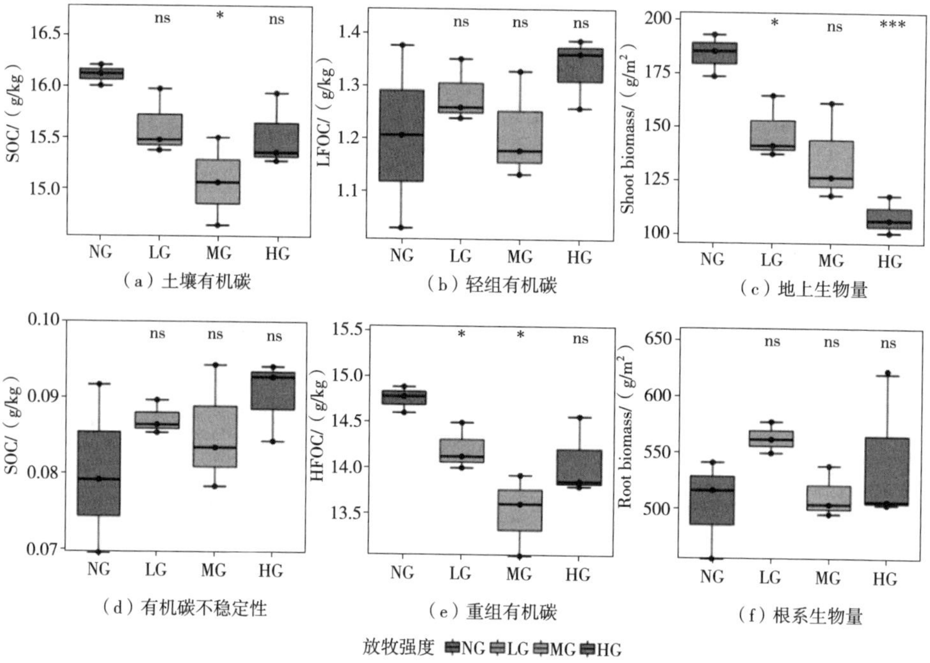

图 3-4　增加放牧强度和排除放牧对典型草原固碳量的影响

注：* 表示差异显著（$P<0.05$）；ns 表示无显著差异（$P>0.05$）。NG 表示排除放牧；LG 表示轻度放牧；MG 表示中度放牧；HG 表示重度放牧。

通过进一步分析放牧对不同深度土壤有机碳的影响机制（图 3-5），发现放牧对表层土壤有机碳的影响主要通过直接作用和间接作用产生，但在中层和下层分别通过改变植物碳和轻组有机碳含量来影响土壤有机碳（SOC）。放牧减少了表层土的植被碳输入和土壤中的不稳定碳（轻组有机碳），但放牧对重组有机碳的影响随土壤深度发生变化。以往的研究也证实，植被碳的输入增加了轻组有机碳质量，导致 SOC 周转加快，促进重组有机碳的形成和累积，放牧减少促进了植被地上碳输入增加，而放牧则促进了稳定的重组有机碳累积。

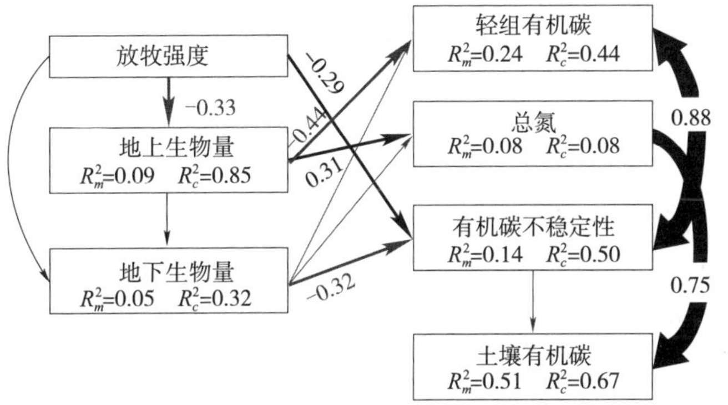

（a）顶层

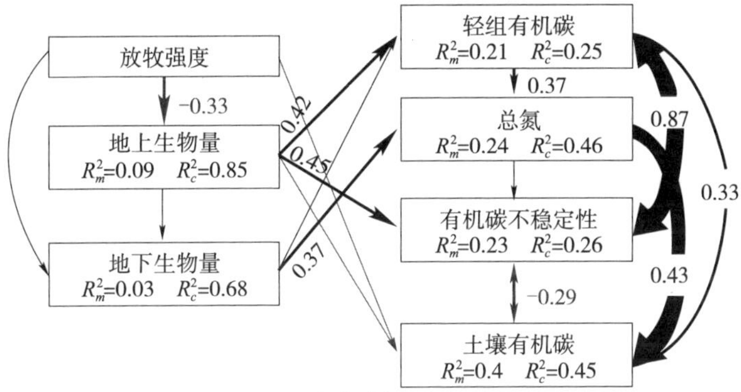

（b）中层

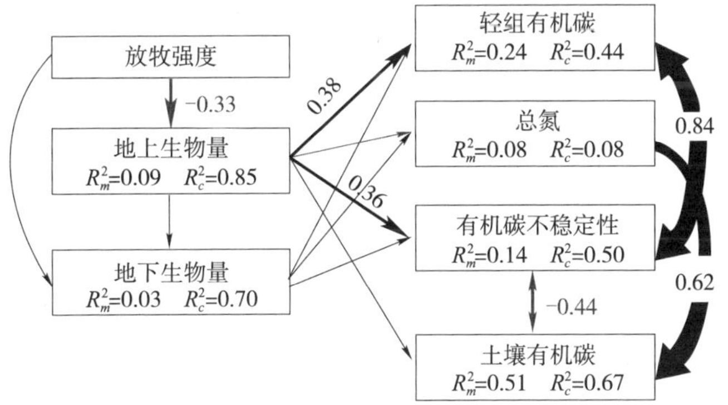

（c）下层

图 3–5　结构方程模型模拟放牧对不同深度土壤有机碳的影响机制

注：R_m^2 和 R_c^2 分别表示所有固定效应和随机效应路径解释的变量偏差水平。

3.3.3 不同禁牧年限对草地碳储量的影响

2009—2018 年，内蒙古平均每年禁牧 42 475.3 万亩，其中禁牧面积较多的盟市分别是阿拉善盟 11 479.0 万亩，锡林郭勒盟 5 452.6 万亩，鄂尔多斯市 5 075.2 万亩，赤峰市 4 004.4 万亩，巴彦淖尔市 3 933.6 万亩。禁牧比例最高的地区是包头市，禁牧面积占草地总面积的 90.0%，其次是鄂尔多斯市，禁牧面积占草地总面积的 61.2%。内蒙古 2009—2018 年平均每年禁牧 35%，有 1/3 的草地处于“休假”状态，有利于草地生态恢复（表 3-1）。

表 3-1　2009—2018 年内蒙古各盟市平均禁牧草地比例和碳储量增量

盟市	每年禁牧面积 / 万亩	平均每年禁牧比例 /%	地上生物碳储量增量 / t CO_2	地下生物碳储量增量 / t CO_2	生物碳储量增量 / t CO_2
阿拉善盟	11 479.0	43.6	105.6	316.8	422.4
巴彦淖尔市	3 933.6	49.1	52.4	157.3	209.7
包头市	2 717.7	90.0	14.7	44.0	58.7
赤峰市	4 004.4	48.6	45.1	135.3	180.4
鄂尔多斯市	5 075.2	61.2	79.9	239.8	319.7
呼和浩特市	273.3	33.4	22.0	6.6	28.6
呼伦贝尔市	2 109.9	12.5	94.6	283.8	378.4
通辽市	3 255.3	47.5	45.5	136.4	181.9
乌海市	79.7	34.0	4.0	1.1	1.1
乌兰察布市	2 329.8	27.5	21.3	63.8	85.1
锡林郭勒盟	5 452.6	18.5	333.3	999.9	1 333.2
兴安盟	1 764.8	38.8	36.3	108.9	145.2
合计	42 475.3	35.0	831.2	2 493.7	3 324.9

取《内蒙古草业统计（2009—2018）》中 2009—2018 年内蒙古各盟市的生态工程实施面积具体数据的平均值计算得出 2009—2018 年内蒙古生态工程实施面积。通过来自内蒙古自治区林业和草原局长期监测的数据得到 2015—

2020 年内蒙古不同年份禁牧区和非禁牧区地上干草产量（图 3-6），文献资料显示，内蒙古各盟市不同草地类型的分布情况及不同草地类型干草产量，归一化计算后得出不同草地亚种占内蒙古各盟市面积的比例，温带草甸草原干草产量：温带典型草原：温带荒漠草原 =1.22：1.03：0.75，得出内蒙古各盟市具体干草产量。同时，通过查阅文献可知内蒙古干草碳含量为 50%，由此可得出内蒙古各盟市工程区的生物碳储量，统计计算相同面积下非生态工程条件下生物碳储量，量化内蒙古各盟市实施重大生态工程后增加的碳储量。

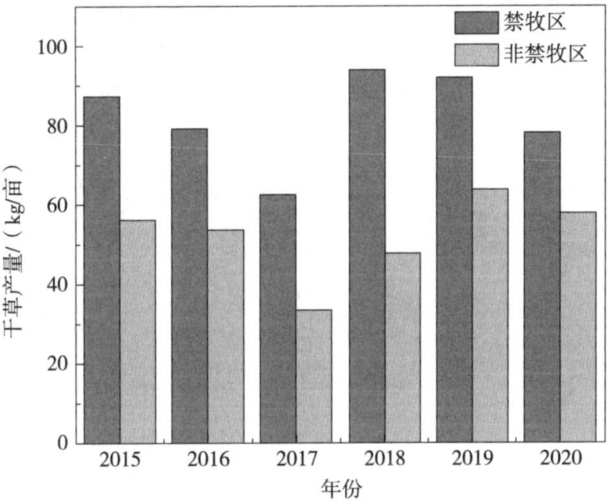

图 3-6　内蒙古不同年份禁牧区和非禁牧区地上干草产量

相同面积下，禁牧区生物碳储量远大于非禁牧区，其中锡林郭勒盟由于温带草甸草原分布范围广、实施禁牧面积较大，增加的碳储量最多达 999.9 t。由此可知，内蒙古实施重大生态工程（禁牧）具有巨大的增汇潜力。

2009—2018 年禁牧措施在内蒙古各盟市的实施情况各不相同（图 3-7），对比 2009—2013 年与 2014—2018 年内蒙古各盟市禁牧措施的实施面积可知，禁牧面积总体呈上升趋势，赤峰市、呼和浩特市、乌海市呈小幅下降趋势。在内蒙古各盟市，阿拉善盟禁牧实施面积最大，乌海市禁牧实施面积最小。用 2009—2018 年内蒙古各盟市禁牧面积的平均数据代替内蒙古各盟市在 2009—2018 年禁牧实施情况可知，包头市的禁牧实施情况最为良好，禁牧面积占包头市总面积的 9.78%；通辽市、巴彦淖尔市、鄂尔多斯市、乌兰察布市、阿拉善盟的禁牧实施情况较为良好，禁牧面积超过总面积的 4%；呼伦贝尔市的禁牧实施情况较差，禁牧面积仅占呼伦贝尔市总面积的 0.80%。

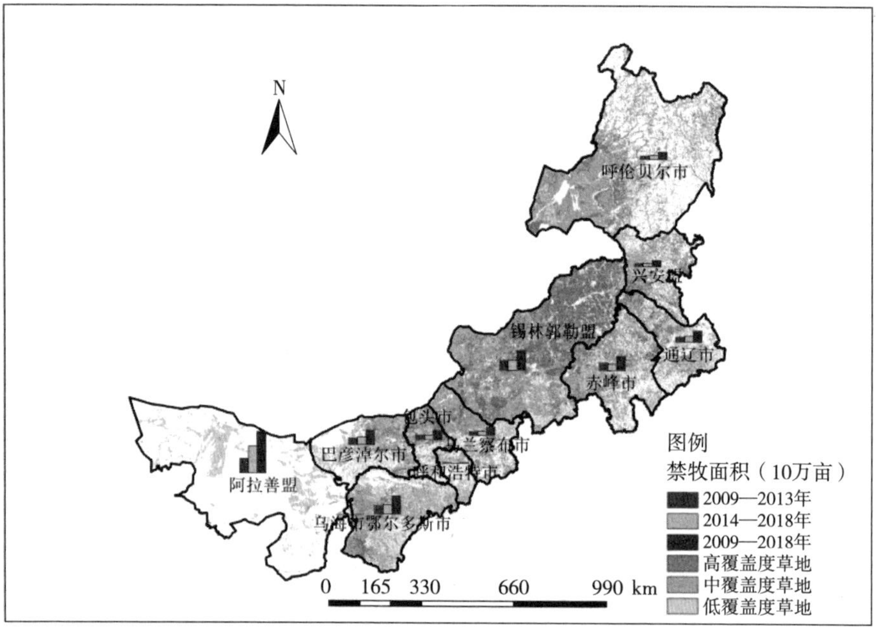

图 3-7　2009—2018 年内蒙古禁牧面积变化

2009—2018 年围栏措施在内蒙古各盟市的实施情况各不相同（图 3-8）。对比 2009—2013 年与 2014—2018 年内蒙古各盟市围栏措施的实施面积可知，围栏面积总体呈上升趋势，巴彦淖尔市、赤峰市、鄂尔多斯市、乌兰察布市围栏面积呈小幅下降趋势。锡林郭勒盟围栏措施的实施面积最大，用 2009—2018 年内蒙古各盟市围栏面积的平均数据代替内蒙古各盟市在 2009—2018 年围栏实施情况可知，锡林郭勒盟围栏措施的面积较大，围栏面积占锡林郭勒盟总面积的 8.15%；乌海市和呼和浩特市围栏措施的实施面积较小，围栏面积占 2 个盟市总面积的比率也较小，2 个盟市的围栏面积均小于 0.5%；鄂尔多斯市、巴彦淖尔市、通辽市的围栏措施实施情况较为良好，围栏面积占 3 个盟市总面积的 5% 左右。

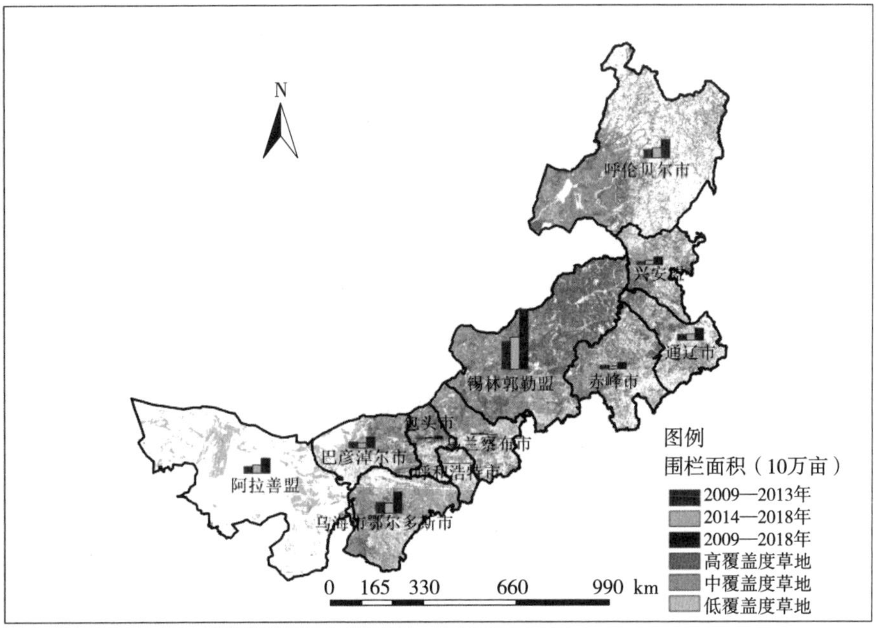

图 3-8　2009—2018 年内蒙古各盟市围栏面积变化

2009—2018 年休牧措施在内蒙古各盟市的实施情况各不相同（图 3-9）。除包头市、呼和浩特市、乌海市没有调查数据不作统计外，对比 2009—2013 年与 2014—2018 年内蒙古各盟市休牧措施的实施面积可知，阿拉善盟、巴彦淖尔市、赤峰市、呼伦贝尔市休牧面积总体呈上升趋势，鄂尔多斯市、通辽市、乌兰察布市、锡林郭勒盟、兴安盟休牧面积呈下降趋势，其中，5 年的数据，锡林郭勒盟 2014—2018 年的休牧面积显著减少达 38 822 万亩。用 2009—2018 年内蒙古各盟市休牧面积的平均数据代替内蒙古各盟市在 2009—2018 年休牧实施情况，在内蒙古各盟市中，锡林郭勒盟休牧实施面积最大，其休牧率也是最大的，休牧面积占锡林郭勒盟总面积的 20.15%；鄂尔多斯市休牧面积位居第二；阿拉善盟、巴彦淖尔市、赤峰市的休牧面积为 3.5% 左右；呼伦贝尔市、通辽市、乌兰察布市、兴安盟休牧面积均为 2.5% 左右；虽然兴安盟休牧实施面积最小，但是乌兰察布市的休牧面积占比最低，只有 2.18%。

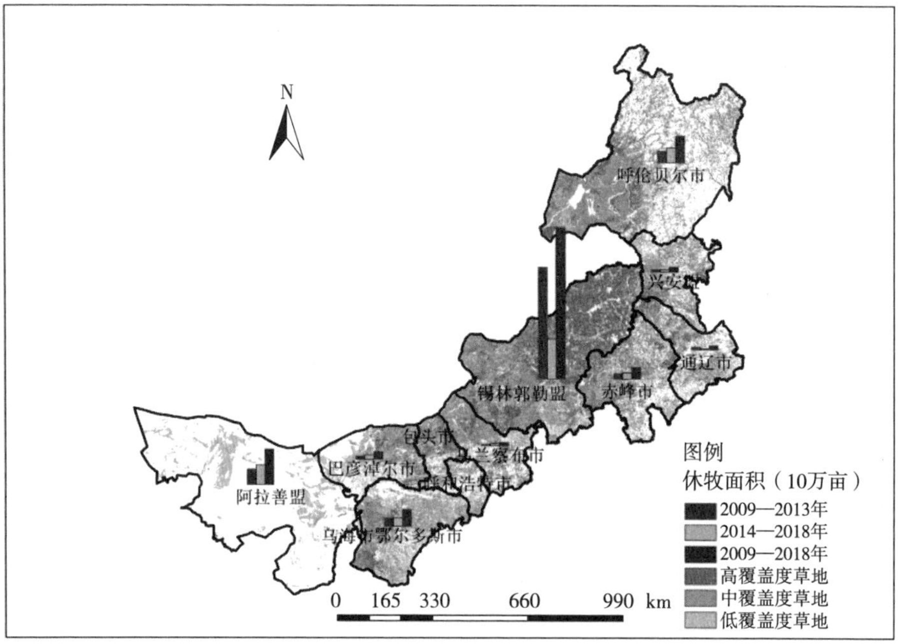

图 3-9　2009—2018 年内蒙古各盟市休牧面积变化

相同条件下，禁牧区生物碳储量远大于非禁牧区碳储量（图 3-10）。相较于放牧区，内蒙古各盟市禁牧区的碳储量都有不同程度的增加，其增加程度与内蒙古各盟市内不同草地类型的分布面积、实行禁牧措施的程度等因素有关，其中锡林郭勒盟由于温带草甸草原分布范围广、实施禁牧面积较大，故增加的碳储量最多达 908 t；乌海市、呼和浩特市、包头市、乌兰察布市 4 个盟市内由于禁牧实施面积较小，所以通过实施禁牧所增加的碳储量也较小。虽然阿拉善盟的禁牧面积大于锡林郭勒盟，但由于阿拉善盟多为低覆盖度草地，草地生产力较温带草甸低，所以阿拉善盟虽然实施禁牧措施的面积最大，但是禁牧措施所增加的碳储量不敌锡林郭勒盟。由图 3-10 可知，内蒙古实施重大生态工程（禁牧）具有巨大的增汇潜力。禁牧每年生物量 CO_2 固持量为 3 325 t，20 年的禁牧生物量 CO_2 固持量为 66 500 t。

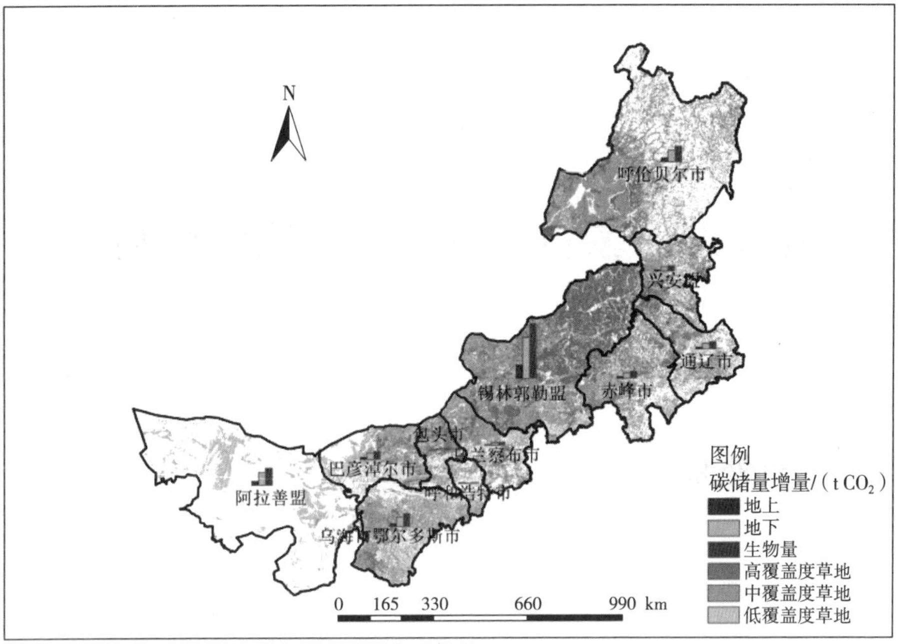

图 3-10 2009—2018 年内蒙古各盟市禁牧与放牧碳储量变化

3.4 小结

自 2000 年以来，内蒙古开展了禁牧、休牧、轮牧等多种生态工程。2009—2019 年，内蒙古平均每年禁牧 42 475.3 万亩，平均每年禁牧 35%，有利于草地生态恢复。

第 4 章
气候变化对内蒙古草原生态系统的影响

4.1 野外监测

4.1.1 监测研究区概况

内蒙古位于我国北部地区（37°24′～53°23′N、97°12′～126°04′E），地处欧亚大陆内部；由东北向西呈长条形分布，东西距离约 2 400 km，南北跨度 1 700 km；土地总面积为 118.3×10^4 km^2，占全国陆地总面积的 12.3%。监测研究区气候以温带大陆性季风气候为主，温度为 -5～10℃，自东向西递增；降水量为 35～530 mm，自东南向西北递减。内蒙古草地总面积约为 8 666.7 hm^2，约占内蒙古土地总面积的 60%，占全国草地总面积的 1/4 以上。内蒙古草原类型基本可以划分为草甸草原、典型草原和荒漠草原 3 种。监测研究结合野外原位控制和室内实验模拟，研究内蒙古 3 种不同草原生态系统碳循环对气候变化的响应。

（1）草甸草原生态系统样地概况

草甸草原生态系统样地（图 4-1）位于锡林郭勒盟东乌珠穆沁旗东北部，样地范围为 119°24′～119°37′E、46°27′～46°35′N。属于北温带大陆性气候，太阳辐射强烈，大风天数多，年降水量为 300～400 mm。植物生长期日均温 5℃以上可达 95 d，无霜期 120 d。草甸草原的土壤以黑钙土为主，植物群落以多年生旱生植物、中旱生植物占优势。主要优势植物有贝加尔针茅、羊草；

主要特征种有西伯利亚羽茅、日荫菅等。该区域草群盖度为 70%～99%，草层高度为 50～140 cm。群落密度高，物种组成丰富，植物生产力较高。草地利用方式分为围封、休牧和常年放牧。

（a）草甸草原景观　　（b）草甸草原增温和温室气体采集

图 4–1　草甸草原生态系统样地

（2）典型草原生态系统样地概况

典型草原生态系统样地（图 4–2）位于赤峰市克什克腾旗（117.55°E、43.27°N）。全旗地处中纬度中温带半干旱大陆性季风气候区，主要气候特点是冬季漫长而寒冷，年平均气温为 -0.9～4.3℃，无霜期为 60～150 d，年降水量为 250～450 mm，降水主要集中在夏季（占年降水量的 66.1%），春、秋两季降水量较少。典型草原的土壤以栗钙土为主，植物群落由典型的旱生多年生草本植物组成，是内蒙古草原的主体，分布面积最大。主要优势物种有大针茅、克氏针茅、羊草等。主要特征物种有糙隐子草、冷蒿、米氏冰草、洽草、黄囊苔草、麻花头等。经监测研究发现该区域的物种丰富度降低，群落密度减小，植物生产力降低。

（a）典型草原模拟气候变化样地 1

（b）典型草原模拟气候变化样地 2

（c）典型草原温室气体采集

（d）典型草原土壤样品采集

图 4–2　典型草原生态系统样地

（3）荒漠草原生态系统样地概况

荒漠草原生态系统样地（图 4-3）位于乌兰察布市四子王旗中南部的内蒙古自治区农牧业科学院综合试验示范中心（111.9°E、41.79°N，海拔为 1 456 m），距离呼和浩特市约 132 km。内蒙古自治区农牧业科学院综合试验示范中心总占地面积约为 2 307 hm^2，90% 以上是天然草地。

该荒漠草原生态系统样地地处中温带大陆性季风气候区，四季分明且年温差大，年降水量少而集中。多年平均温度为 3.7℃，7 月份月平均温度最高为 20.7℃，1 月份月平均温度最低为 −15.7℃。年平均降水量为 222 mm（2004—2017 年），在 5—9 月降水量较集中，约占全年降水量的 85%，年蒸发量约为年平均降水量的 10 倍。荒漠草原的土壤以灰钙土为主，植物群落由旱生性更强的多年生矮小草本植物组成，由于该区域是草原向荒漠的过渡带，植物分布稀疏且草层低矮，植物种类组成较匮乏。群落中主要建群植物小针茅、短花针茅等，主要特征植物有阿氏旋花、狭叶锦鸡儿等。经监测研究发现该区域物种丰富度低，群落密度小，植物生产力最低。

（a）荒漠草原样地

（b）荒漠草原长期增温样地

（c）荒漠草原减水样地

（d）荒漠草原增水样地

（e）荒漠草原土壤样品采集

（f）荒漠草原模拟气候变化样地

图 4-3　荒漠草原生态系统样地

在每种草原类型随机布设 2 m×2 m 的小样方，样方与样方之间设置 1 m 宽的缓冲带。采用人工施水及减雨棚来调节降水量，联合 3 个温度梯度处理模拟气候变暖：分别为对照（CK）、高温（T_3）、中温（T_2）、低温（T_1）、低温增雨（T_1P^+）和低温减雨（T_1P^-）。以当地近 51 年生长季平均降水量为标准，降水增减幅度为近 51 年生长季平均降水量的 20%，在每个月的月末固定日期于 18:00 后用喷壶施加 9.48 mm 的水；不同尺寸的开顶集装箱（Open Top Chamber，OTC）增温幅度分别为 0.5℃、1.0℃和 1.5℃。

OTC 的主体为透明碳酸聚酯板（透光率 90% 以上），OTC 内设换气风扇和连通管用来与外界气体交换，以 OTC 内空气温度和对照样地空气温度差值进行设定，当差值大于等于 2℃时，风扇将自动运行来降低温度，以此维持增温幅度稳定。增温原理类似温室效应，通过降低风速增加棚内温度；通过改变 OTC 的下底面直径和高度，即开顶棚的大小来实现不同梯度的增温效果。OTC 安装完成后，采用全自动多点土壤温度记录仪分别监测对照与增温样地地上 5 cm 和地下 5 cm 土壤的温度，设定每 15 min 自动检测，以评价实际增温效果。

减雨装置采用聚酯板固定在增温罩上方，同时为了研究分析不同草原管理及改良措施效果，筛选内蒙古草原生态系统适应气候变化技术，在模拟气候变化装置间隔 1 m 处分别设置施肥灌溉、围栏封育、施肥灌溉 × 围栏封育 3 种处理，每种处理重复 3 次，每次处理的样地面积不小于 2 m×2 m。

4.1.2　样品采集与监测

（1）温室气体交换通量的采集

在每个处理装置内安装一个静态暗箱底座保持固定，采气时箱体扣在底座上并密封。地表 CH_4、CO_2 和 N_2O 净交换通量测定频率为生长季每周 1 次，9:00～11:00 采气，分别于气箱密封后的 0 min、5 min、10 min、20 min 间隔采集气体样品存于气瓶中，同时记录采样时间、箱内温度和地下 5 cm 处温度。

（2）土壤样品采集

在每个实验样方，用土钻随机采集 3 钻不同深度（0～10 cm、10～20 cm、20～30 cm）的土壤样品，土样混合后装入自封袋并标记日期及样地名称。样品带回实验室过 2 mm 筛，去除细根、沙砾和石块，用四分法处理土样。处理后将土壤样品存于 4℃冰箱中，分别用于测定土壤理化性质、鉴定土壤动物类别。

（3）草原植物群落结构

采用样方法在样方内对每种植物进行群落特征调查。在每个样方的冠层上方放置一个 0.5 m × 0.5 m 的框架，框架中有 100 个均匀分布的网格（5 cm × 5 cm），随后估算每种植物的分盖度、群落总盖度、密度、频度并测量每种植物的高度、株数。将植物齐地面剪下，并采集植物根部，分物种装入自封袋，在实验室烘箱中 105℃杀青 30 min，70℃烘干至恒重，测定干重。同时利用直尺测定植物高度，用每种植物的高度和盖度与所测生物量之间的关系建立回归方程，并运用该方程估算对照和增温降水处理的地上生物量和地下生物量。

（4）测定生态系统生产力（GEP）

采用 Li-6400 便携式光合作用测定仪和箱式法对草原生态系统碳交换（Net Ecosystem Exchange，NEE）和生态系统呼吸（Ecosystem Respiration，ER）进行测定。在植物生长季，每个月选择 1 个晴朗天气，在 10:00～20:00 进行测定，每隔 2 h 测 1 次。测定时将体积为 30 cm × 30 cm × 40 cm 的透明有机玻璃箱放在底座上，箱子顶部采用风扇对箱内进行气体混匀，测定 CO_2 通量（NEE），测定时间为 90 s。NEE 测定结束后，将箱子抬起，待箱内水分和 CO_2 接近外界值时将箱子重新放在底座上，并用遮光布（内黑外白）盖在箱上，开始测定 CO_2 通量（ER），测定时间为 90 s。测定结束后通过 NEE 与 ER 之和计算出生态系统生产力（GEP）。

4.1.3　气候数据来源及分析

4.1.3.1　气候数据的来源

本研究收集了内蒙古 60 个气象站点 51 年的气温、降水等逐日气象观测资料，数据来自中国气象局。本次研究涉及内蒙古整个区域，其中包括 60 个典型气象站点，其分布情况如图 4-4 所示，各站点几乎均匀分布。对这 60 个气象站点进行气象数据分析时，将其中 56 个气象站点按照草甸草原、典型草原、荒漠草原 3 种草原类型进行划分。

图 4-4　气象站点分布情况

回归分析法是描述一个或多个自变量的变化如何引起因变量变化的统计分析方法，目的是研究自变量和因变量的定量关系。在现实生活中，常会遇到使用因果关系来反映彼此存在某种联系的情况，对于此类问题，可以借助回归分析法，建立数学模型，进行预测和解释性的分析。本项目采用回归分析法来反映内蒙古荒漠草原气温、降水、植被物候期和 NPP 的整体变化趋势，并进行显著性检验。基本计算公式为

$$y = kx + b \tag{4-1}$$

当 $k>0$ 时，表示呈升高（增加、推迟）趋势；当 $k<0$ 时，表示呈降低（减少、提前）趋势。同时，将上述方法应用到像元尺度上，可获得逐像元变化趋势，以期直观反映荒漠草原气温、降水、植被物候期和 NPP 变化的空间差异，斜率（slope）表示变化趋势，用最小二乘法来计算，计算公式为

$$\text{slope} = \frac{n\sum_{i=1}^{n}(i \times p_i) - \sum_{i=1}^{n} i \sum_{i=1}^{n} p_i}{n\sum_{i=1}^{n} i^2 - \left(\sum_{i=1}^{n} i\right)^2} \tag{4-2}$$

式中：n 为研究时段，n=18；p_i 为第 i 年的气温或降水（物候期、植被

NPP）；slope 为一元线性回归方程的斜率，是 n 年连续年份的趋势；slope＞0 说明气温升高、降水增加、物候期推迟、植被 NPP 增加；slope＜0，则表明气温降低、降水减少、物候期提前、植被 NPP 减少。

4.1.3.2　气候变化的距平分析

气候主要通过降水和温度的变化影响草原。人们普遍认为，降水量增加有利于干旱地区的草地发展。较高的温度意味着更多的水分蒸发，因此可用的水更少。通过计算降水和温度的距平百分比，更直观地体现内蒙古的气候变化。

降水指标能够反映干旱的发生程度，降水距平百分比（PA）是某时段的降水量与历史同期平均降水量的百分比，它可以反映某时段内的降水量偏离历史同期平均降水量的程度。PA 越小，表示该时期降水偏离历史同期平均降水量越多，越容易发生干旱，其计算公式如下：

$$\mathrm{PA}=\frac{P-\bar{P}}{\bar{P}}\times 100\% \tag{4-3}$$

式中：P 为某时段降水量，mm；$\bar{P}$为同时段内的气候平均降水量，mm。

温度距平百分比（PA）反映了一段时期内温度偏离同期多年平均值的程度，能够反映出某时间段出现的异常温度，发现气温突变点，计算步骤如下：

$$\mathrm{PA}=\frac{T-\bar{T}}{\bar{T}}\times 100\% \tag{4-4}$$

式中：T 为某时段温度，℃；$\bar{T}$为同时间段内的平均温度，℃。

4.1.3.3　潜在蒸发量计算

桑斯维特（Thornthwaite）公式基于美国中东部地区的试验数据提出，并假设干湿空气无平流，潜热与显热比为常数。它是依据月平均气温和最大可能日照时数建立联系的一个计算潜在蒸散发（ET_0）的经验公式，将 ET_0 视为温度的幂函数，计算月平均潜在蒸散发量。依据月均温、月实际日照时数，查询表格得出换算因子 K_i。Thornthwaite 公式为

$$\mathrm{ET}_{0mi}=16\,(N_i/12)\,(n_i/30)\,(10T_{mi}/b)^c \tag{4-5}$$

$$b=\sum_{i=1}^{12}\left(\frac{T_{mi}}{5}\right)^{1.514} \tag{4-6}$$

$$c=0.492\,39+1\,792\times 10^{-5}b-771\times 10^{-7}b^2+675\times 10^{-9}b^3 \tag{4-7}$$

式中：ET_{0mi} 为月平均潜在蒸散发量，mm/月；N_i 为每日最大可能日照

时数的平均值（由纬度计算）；n_i 为第 i 个月的天数；T_{mi} 为第 i 个月的平均温度，℃；b、c 为经验公式求出的系数。

4.1.4 土地利用图数据来源

根据高精度土地利用类型遥感监测数据，获得 1980—2020 年中国土地利用现状遥感监测数据。二级分类支持 ArcGIS、Envi 显示。数据精度：30 m；数据类型：栅格数据；数据分类：耕地、林地、草地、水域、居民地和未利用土地 6 个一级类型和 25 个二级类型。本次研究数据为 2000 年全国 30 m 土地利用数据。

4.1.5 CASA 模型运行过程

4.1.5.1 NDVI 基础数据获取及准备

（1）选择数据集

NDVI 基础数据可以从美国国家航空航天局（NASA）戈达德航天中心的 LAADS DAAC 网站下载，下载地址为 https://ladsweb.modaps.eosdis.nasa.gov/。在 Data Discovery 导航栏下搜索“MOD13A1”，搜索结果会显示“MODIS/Terra Vegetation Indices 16-Day L3 Global 500 m SIN Grid”，选择该数据集（图 4-5）。

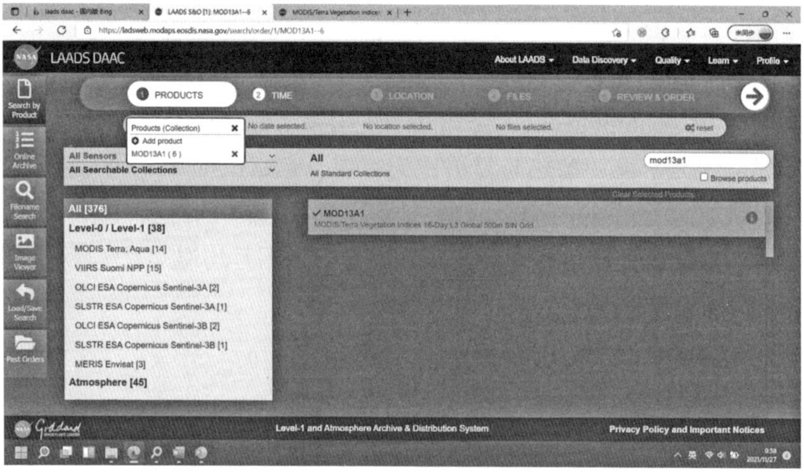

图 4-5 选择数据集

（2）选择日期

分年度下载 NDVI 基础数据，这里以 2011 年数据下载为例，选择开始日期为 2011 年 1 月 1 日，结束日期为 2011 年 12 月 31 日（图 4-6）。

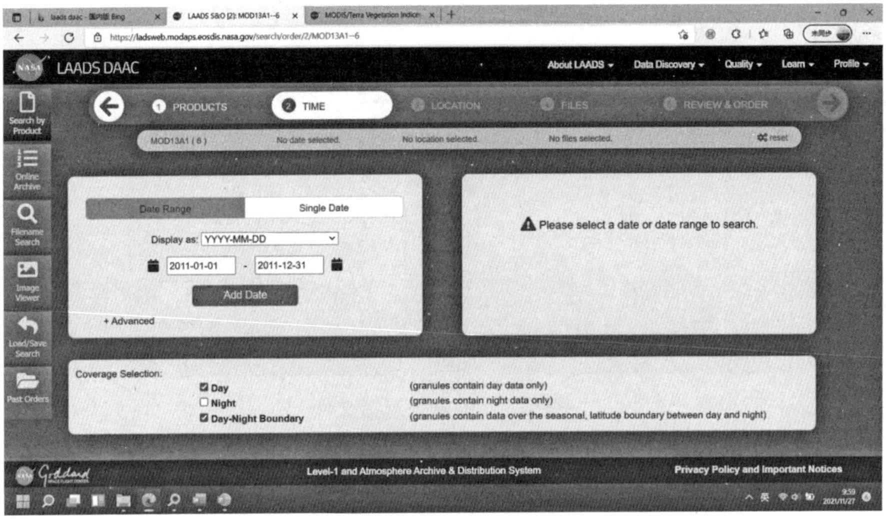

图 4-6　选择日期

（3）选择下载区域

使用“Draw Custom Box（Classic）”这个工具箱比较方便设定区域。由于内蒙古在地理位置上位于北纬 37°24′～53°23′、东经 97°12′～126°04′，可以手动选择 S、N、W 及 E 的坐标分别为 35.9°、55.1°、96.5° 及 128.1°。

（4）检索并选择文件

该区域内的文件共计 322 个，为 HDF 格式（图 4-7）。HDF 格式是美国国家高级计算应用中心（National Center for Supercomputing Application）为满足各领域研究需求而研制的一种能高效存储和分发科学数据的新型数据格式。一个 HDF 格式文件中可以包括多种类型的数据，如栅格图像数据、科学数据集、信息说明数据等。

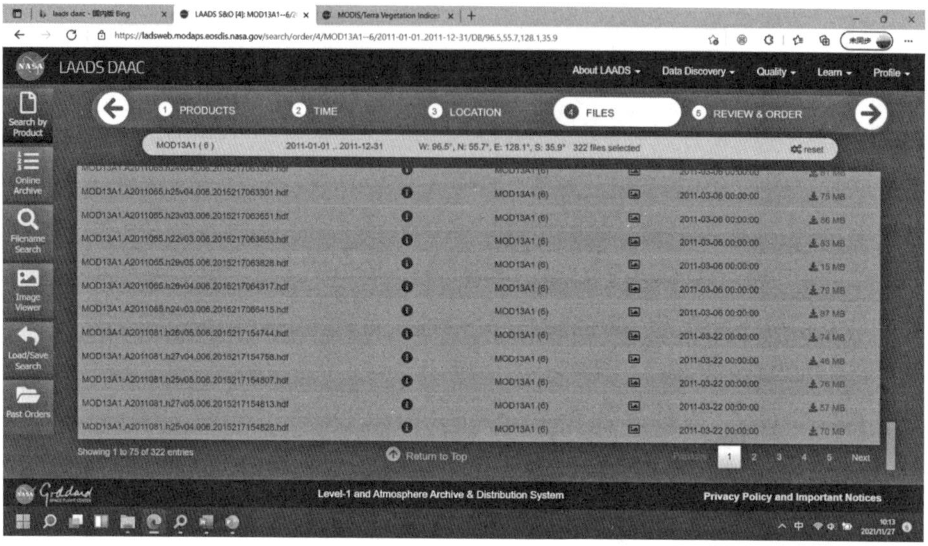

图 4-7　检索并选择文件

（5）数据订单提交

在进入“Review & Order”页面前，需要登录 NASA 的 GEOEARTH 账户才能继续下一步操作。这里需要先注册 GEOEARTH 账户，登录后网页重新定向到 LAADS 页面，才可以进行数据订单提交。点击“Submit Orde”后，可以在个人账户“profile”栏目下的“order”页面查看已提交订单的情况（图 4-8）。然后进入“download archive”页面，这里可以看到需要下载的 322 个 HDF 文件的列表。然后全部选择，查看“see wget download command”使用 wget 下载工具进行下载。

wget 下载工具是一个从网络上自动下载文件的自由工具，支持通过 HTTP、HTTPS、FTP 3 个最常见的 TCP/IP 协议下载，并可以使用 HTTP 代理。“wget”这个名称来源于“World Wide Web”与“get”的结合。需要先在电脑上安装 wget 软件。如 wget 被解压缩到了 E 盘根目录下，通过 cmd 切换目录到 E 盘 wget 目录下，然后在 wget 页面下输入命令行“wget–e robots=off–m–np–R.html，.tmp–nH––cut–dirs=3"https://ladsweb.modaps.eosdis.nasa.gov/archive/orders/501681827/"––header"Authorization: Bearer dGFpYmFpc2hhbjIwMjA6Wkc5MWVHbGhiMjFwYmtCaWFtWjFMbVZrZFM1amJnPT06MTYzNzk4MDYzOTpmY

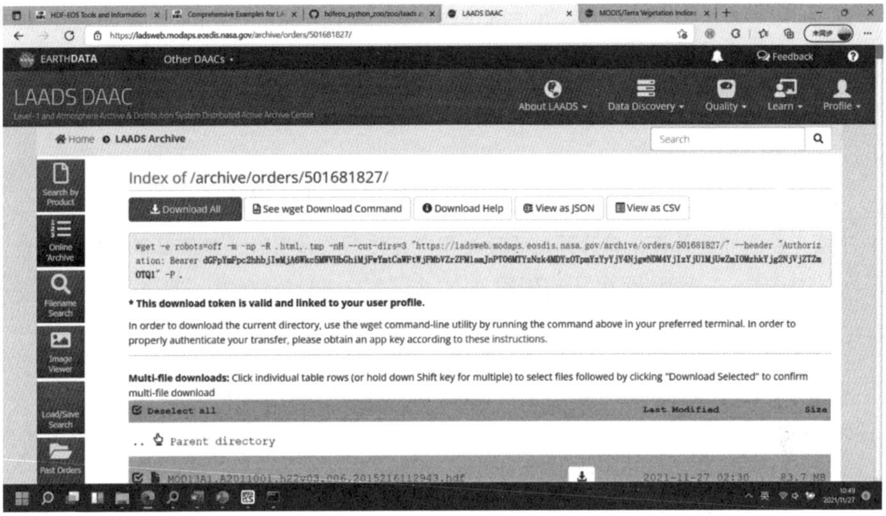

图 4–8　提交数据订单

zYyYjY4NjgwNDM4YjIzYjU1MjUwZmI0MzhkYjg2NjVjZTZmOTQ1"，wget 下载软件可以自动连接 LAADS DAAC 数据中心自动下载，下载的文件会被保存到 E:/wget 目录下。在数据传输中断时，可以在 wget 命令后面加上 -c 开启断点续传功能。

（6）影像拼接

首先安装 MRT（MODIS Reprojection Tool）软件。MRT 软件需要 Java Runtime Environment（JRE）。其次检查是否安装 java.exe。Java 版本至少为 Java 2 Runtime Environment version 1.5 或 Java 2 SDK version 1.5 或更高版本。在 Windows 平台中可以通过开始 / 搜索并输入 java.exe 来检查自己的电脑是否安装有 Java，也可以不检查直接重新安装一次。

在 MRT 目录下新建一个 data 文件夹，并将下载的 HDF 格式的 MODIS 数据复制到该文件夹下；在 data 文件夹下再新建一个 Result 文件夹（用于存放拼接后的数据）。将下一页代码内容粘贴到一个 txt 格式文件中，扩展名后缀 txt 改为 bat，假设该 bat 文件的文件名为 MODISmosaic.bat。

代码注意事项包括：

① MRTDATADIR 为 MRT 安装文件中 data 的路径，因此“D:/MRT\data”改成 MRT 安装文件中 data 的路径。

②因为“D:/MRT/bin/mrtmosaic.exe”是 mrtmosaic.exe 的安装路径，因此要更改为你的 mrtmosaic.exe 的安装路径。

③“set /a DAY= %DAY%+16”，因为输入数据是 16 d 间隔的，因此根据你的数据进行相应修改。

④点击“MODISmosiac.bat”，即可进行批量拼接操作。

注意：备份好源数据，因为程序运行过程中会把源数据删除，只保留拼接后的数据。

MODISmosaic 文件的代码如下：起始日期 2011 年 1 月 1 日，格式为 20110101，结束日期 2011 年 12 月 31 日，格式为 20111231。

```
"rem Set the MRTDATADIR environmental var to the MRT data directory.
set MRTDATADIR= D:/MRT/data
set /a DAY=2011001 rem **batch data start time**
set /a DEADLINE=2011360 rem **batch data end time**
:start
if %DAY% leq %DEADLINE% (goto ORDER) else exit
:ORDER
rem **save the file name into a notepad**
dir *%DAY%.*.hdf/a/b/s >MOSAICINPUT.TXT
rem **execute mosaic **
rem Set the mrtmosaic.exe directory.
D:/MRT/bin/mrtmosaic.exe-i MOSAICINPUT.TXT-s "1 0 0 0 0 0 0 0 0 0 0 0"-o
MOSAIC_TMP_%DAY%.hdf
rem **copy the result to a file and delete the input data**
copy MOSAIC_TMP_%DAY%.hdf Result & del MOSAIC_TMP_%DAY%.hdf
del *%DAY%.*.hdf
set /a DAY= %DAY%+16
goto start"
```

运行 MODISmosaic.bat 后，会进行批量拼接运算。

（7）影像投影

在拼接好数据的基础上，进行重投影，把 Sinusoidal 地图投影改成地理投影。首先，新建记事本，在记事本中输入以下代码，将扩展名后缀 txt 改为 bat，假设文件名为 MODIS.bat。

```
"rem Set the MRTDATADIR environmental var to the MRT data directory.
```

```
set MRTDATADIR= D:\MRT\data
for %%i in (*.hdf) do D:\MRT\bin\resample-p my.prm-i %%i-o %%iout.tif"
```

然后，利用 MRT 图形文件定义投影文件。选择一幅刚拼接好的影像，设置保存路径及命名（最好以日期命名，程序会自动按照规则全部按日期命名），选择 tif 格式，选择需要的投影类型，点击“Save Parameter File”将投影文件保存。需要注意的是，这 2 个文件必须和刚刚拼接后的数据放在一个文件夹中。

（8）波段运算

MODIS 数据批量拼接、投影后，在 ENVI 中进行波段运算，利用 Band Math 工具，去除 NDVI 影像的负值及最大值合成。

①波段运算，把负值去掉。

ENVI—Basic Tools—Band Math，在弹出的对话框 Band Math 中，输入公式：

（b1 lt 0）×0 +（b1 ge 0）×（b1 × 0.000 1）

上式的意思是如果值小于 0 就乘以 0，使其变为 0；同时，值大于等于 0 的话就乘以 0.000 1 这个系数。b1 代表所选的影像。

②最大值合成，目的是把 16 d 的数据合成为月数据。

ENV—Basic Tools—Band Math，输入公式：

[（b1 ge b2）× b1] + [（b1 lt b2）× b2]

上式的意思是如果 b1 大于 b2，则取 b1 的值；如果 b1 小于 b2，则取 b2 的值，也就是取最大值。

（9）波段合成

在 ENVI 中选择 Layer Stacking 工具对 12 个月的 NDVI 数据进行波段合成，依次导入 2011 年 12 个月的波段数据，对波段进行 1—12 月排序，选择输出路径，导出格式为 tif 的文件（图 4-9）。

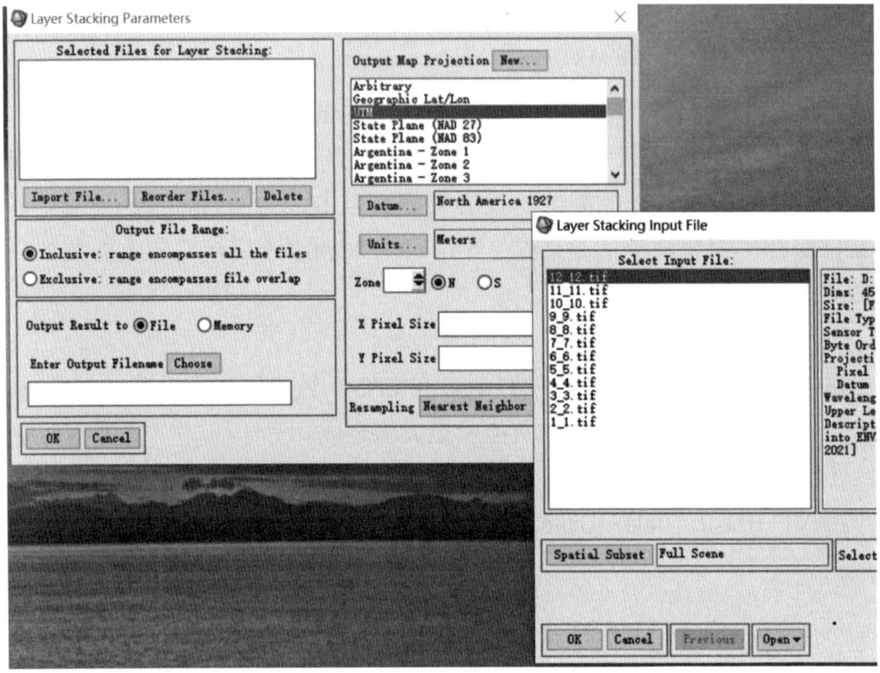

图 4–9　波段合成

（10）重投影及重采样

在 ArcGIS 中对导出的 tif 文件先进行重投影，选择工具箱中的投影栅格，输入 tif 数据，选择输出路径，输出坐标系选择 GCS_WGS_1984。再选择工具箱中的重采样工具，调整数据的分辨率，输出像元大小为 1 000 × 1 000，得到 2011 年内蒙古的 NDVI 数据。

4.1.5.2　辐射数据获取及准备

辐射数据获取自哥白尼气候变化服务中心数据库（Copernicus Climate Change Service，C3S）数据库，下载网址为 https://cds.climate. copernicus.eu/cdsapp#!/dataset/reanalysis-era5-single-levels-monthly-means? tab=form。获取数据前需要先注册并登录。然后在检索页面搜索“ERA5”，搜索返回结果里面“ERA5 monthly averaged data on single levels from 1979 to present”为本研究需要的数据集。变量选择“Surface net solar radiation”，然后选择年份、月份及下载的数据格式的文件，建议选择 NetCDF 格式。网络通用数据

格式（Network Common Data Format，NetCDF）是由美国大学大气研究协会 Unidata 项目的科学家针对科学数据的特点开发的，是一种面向数组型并适于网络共享的数据描述和编码标准。然后选择数据下载区域，安装内蒙古的地理边界输入 S、N、W 及 E 的坐标分别为 35.9°、55.1°、96.5° 及 128.1°，可以看到“show API request”按钮，这里给出了 python 下载的 script 文件，如下所示：

```
"import cdsapi
c = cdsapi.Client()
c.retrieve(
  'reanalysis-era5-single-levels-monthly-means',
  {
    'format': 'netcdf',
    'variable': 'surface_net_solar_radiation',
    'product_type': 'monthly_averaged_reanalysis',
    'year': '2011',
    'time': '00:00',
    'area': [
      55, 96, 36,
      128,
    ],
    'month': [
      '01', '02', '03',
      '04', '05', '06',
      '07', '08', '09',
      '10', '11', '12',
    ],
  },
  'download.nc')
"
```

在 python 的 command line 环境下安装 cdsapi 库文件，输入 pip3 install cdsapi 即可安装。然后将以上代码粘贴到 python 的 IDE 平台（如 spyder），运行即可自动连接到 C3S，下载文件名为“download.nc”，文件位于 python IDE

的工作文件夹。

在 ArcGIS 中导入下载 2011 年辐射 netCDF 文件，创建 netCDF 栅格图层按掩膜提取，设置环境应与内蒙古边界一致，输入栅格数据或要素掩膜数据为内蒙古边界栅格，选择输出路径，提取所需的内蒙古范围内的辐射数据。

进行重投影处理，选择工具箱中的投影栅格，输入辐射 tif 数据，选择输出路径，输出坐标系选择 GCS_WGS_1984 坐标系。再选择工具箱中的重采样工具，调整数据的分辨率，输出像元大小为 1 000×1 000，得出 2011 年内蒙古自治区的辐射数据。

4.1.5.3 植被覆盖数据获取及准备

在 C3S 下载 Land Cover 数据，选择 2011 年，V2.07cds 版本，zip 格式，即可在 Python IDE 中调用 CDS API 下载数据。

在 Python IDE 中安装 cds package 后，下载的脚本语句如下：

```
import cdsapi
c = cdsapi.Client()
c.retrieve(
  'satellite-land-cover',
  {
    'variable': 'all',
    'format': 'zip',
    'year': '2011',
    'version': 'v2.0.7cds',
  },
  'download.zip')
```

将下载的 2011 年植被覆盖数据导入 ArcGIS，按掩膜提取，设置环境为内蒙古边界，输入栅格数据或要素掩膜数据为内蒙古边界栅格，选择输出路径，掩膜提取 2011 年内蒙古植被覆盖数据（图 4-10）。

图 4-10　掩膜提取 2011 年内蒙古植被覆盖数据

进行投影栅格处理，输入数据为提取的植被覆盖数据，选择输出路径，输出坐标系选择 GCS_WGS_1984 坐标系，点击“确定”，再进行采样，输出像元大小同气象数据为 1 000，1 000。选择工具箱中的重分类工具，重新配置落叶针叶林、常绿针叶林、常绿阔叶林、灌丛、耕地、草甸等植被类型代号，落叶针叶林为 1，常绿针叶林为 2，常绿阔叶林为 3，落叶阔叶林为 4，灌丛为 5，耕地为 21，草甸为 12，裸地为 18……选择输出路径，重新分类得到 2011 年内蒙古植被覆盖类型（图 4-11）。

图 4-11　2011 年内蒙古植被覆盖类型

4.1.5.4 气象数据获取及准备

气温及降水数据获取自中国气象局，包括内蒙古 55 个站点 1981—2020 年的详细气象数据。将气象站点的气象数据整理成 Excel 数据，分别求出每月平均气温及每月总降水量。以 2011 年为例，在 ArcGIS 中导入整理的 Excel 数据，显示 x、y 数据，z 值字段选择 1 月，即形成 2011 年 1 月气温数据空间点，导出生成 shp 文件，再导入内蒙古边界 shp 文件。对数据进行插值分析，选择克里金插值，输入生成的空间点 shp 文件，z 值字段选择 1 月份，环境设置为与内蒙古边界图层一致，选择输出路径。

进行按掩膜提取操作，设置环境为内蒙古边界，输入栅格数据或要素掩膜数据为内蒙古边界栅格，选择输出路径，得到内蒙古 2011 年 1 月的气温数据，设置只显示生成的栅格数据文件，不显示其他过程栅格数据。2011 年 12 个月的气温、降水数据处理重复上述操作。

在 ArcGIS 中对融合后的 tif 文件进行投影栅格重投影，选择输出路径，输出坐标系选择 GCS_WGS_1984 坐标系，再进行重采样，输出像元大小为 1 000 × 1 000，得到 2011 年气温数据（图 4-12）。

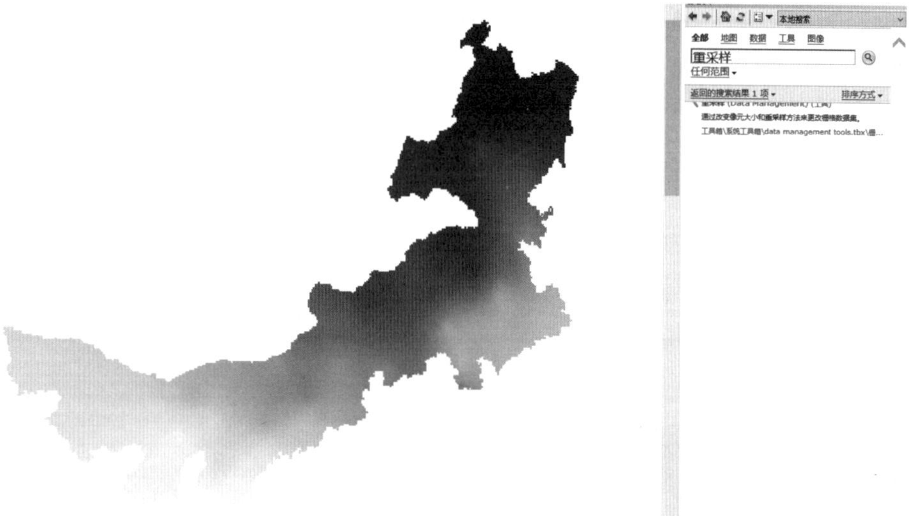

图 4-12 2011 年气温数据

重复上述操作处理 1981—2020 年的气温及降水数据。

4.1.5.5　CASA 模型静态参数配置

在一定范围内，FPAR 与 NDVI、Sr 存在较好的线性关系，故通过 NDVI、SR 加权平均或平均值估算 CASA 模型中的 FPAR 参数。静态参数文件用于配置各植被类型的最大光能利用率及 NDVI 最大值、最小值（图 4-13），植被类型及对应的参数值如图 4-14 所示。

```
npp_statcfg.cfg
1
0.738
0.023
6.63
1.05
0.485
2
0.647
0.023
4.67
1.05
0.389
3
0.676
0.023
5.17
1.05
0.985
4
0.747
0.023
6.91
1.05
0.692
5
```

图 4-13　静态参数配置

4.1.5.6　CASA 模型运行的技术路线

采用 CASA 模型对 NPP 进行估算。CASA 模型是一种基于过程的遥感模型，基于 CASA 模型可对生态系统的生产力、土壤碳进行模拟。其原理是通过植物的光合有效辐射、实际光能利用率来估算 NPP（图 4-15）。

序号	植被类型	$NDVI_{max}$	$NDVI_{min}$	Sr_{max}	Sr_{min}	E_{max}
1	落叶针叶林	0.738	0.023	6.63	1.05	0.485
2	常绿针叶林	0.647	0.023	4.67	1.05	0.389
3	常绿阔叶林	0.676	0.023	5.17	1.05	0.985
4	落叶阔叶林	0.747	0.023	6.91	1.05	0.692
5	灌丛	0.636	0.023	4.49	1.05	0.429
6	疏林	0.636	0.023	4.49	1.05	0.542
7	海边湿地	0.634	0.023	4.46	1.05	0.542
8	高山、亚高山草甸	0.634	0.023	4.46	1.05	0.542
9	坡 1N1 草地	0.634	0.023	4.46	1.05	0.542
10	平面草地	0.634	0.023	4.46	1.05	0.542
11	荒漠草地	0.634	0.023	4.46	1.05	0.542
12	草甸	0.634	0.023	4.46	1.05	0.542
13	城市	0.634	0.023	4.46	1.05	0.542
14	河流	0.634	0.023	4.46	1.05	0.542
15	湖泊	0.634	0.023	4.46	1.05	0.542
16	沼泽	0.634	0.023	4.46	1.05	0.542
17	冰川	0.634	0.023	4.46	1.05	0.542
18	裸岩	0.634	0.023	4.46	1.05	0.542
19	砾石	0.634	0.023	4.46	1.05	0.542
20	荒漠	0.634	0.023	4.46	1.05	0.542
21	耕地	0.634	0.023	4.46	1.05	0.542
22	高山、亚高山草地	0.634	0.023	4.46	1.05	0.542

图 4-14　植被类型及对应的参数值

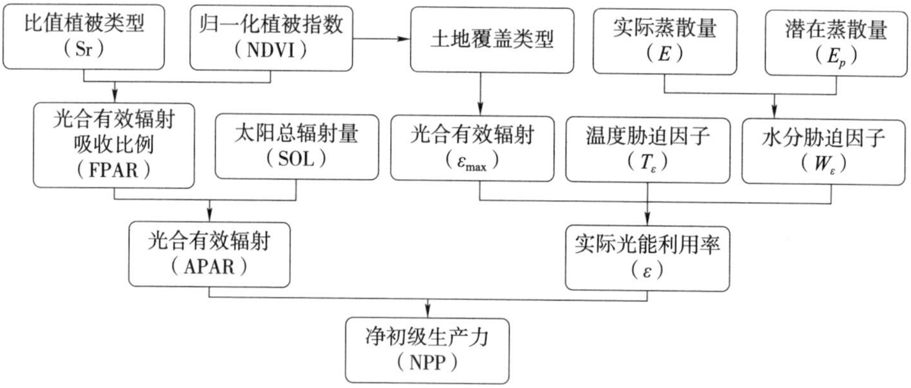

图 4-15　CASA 模型运行的技术路线

4.1.6 CEVSA 模型

CEVSA 模型（Carbon Exchange Between Vegetation，Soil and Atmosphere）是基于植物的光合作用和呼吸作用，以及土壤微生物活动等过程对植被、土壤和大气之间碳交换进行模拟的生物地球化学模型。

4.1.6.1 模型原理

CEVSA 模型应用的生物和生态学原理、计算方程和参数均取自大量的实验室和野外试验，同时，CEVSA 模型估算的 NPP 叶面积指数及植被和土壤中的碳储量与实地调查和测定值有很好的一致性，该模型已被应用于全球和区域水平的陆地生态系统碳循环对气候年际变化的响应研究。

CEVSA 模型包括 3 个子模块：估计植被—土壤—大气水热交换、土壤含水量和气孔传导等过程的植被子模块；计算植物光合作用、呼吸作用、氮吸收速率、叶面积及碳、氮在植物各器官之间分配、积累、周转和凋落物产生的植物生理生长子模块；估计土壤有机质分解碳氮转化和有机氮矿化等过程的土壤碳、氮转化子模块。

光合速率除与各种环境条件有关外，还与气孔导度相互作用、相互影响，其生理意义是平衡光合反应过程中 CO_2 的供给和需求，以维持植物叶肉组织中 CO_2 的合理浓度。在 CEVSA 模型中，为求出实际的光合速率，采用连续迭代的方法解有关的非线性方程组使由生物化学过程和气孔导度决定的光合速率相等。在植被冠层尺度上，光合速率还与叶面积及由此决定的光合有效辐射和叶片含氮量的垂直分布有关。CEVSA 模型把植被冠层划分为与叶面积指数相等的层次并对其所接收的光合有效辐射、气孔导度和光合速率分别进行计算。

叶面积增加一方面提高了整个冠层的光合速率，另一方面增加了植物呼吸消耗和水分蒸发。叶面积指数和光合速率根据光合与呼吸及水供应与需求的共同平衡和整个冠层光合速率最大化原则来确定。

4.1.6.2 CEVSA 模型框架及运行技术路线

CEVSA 模型框架及运行技术路线如图 4-16 所示。

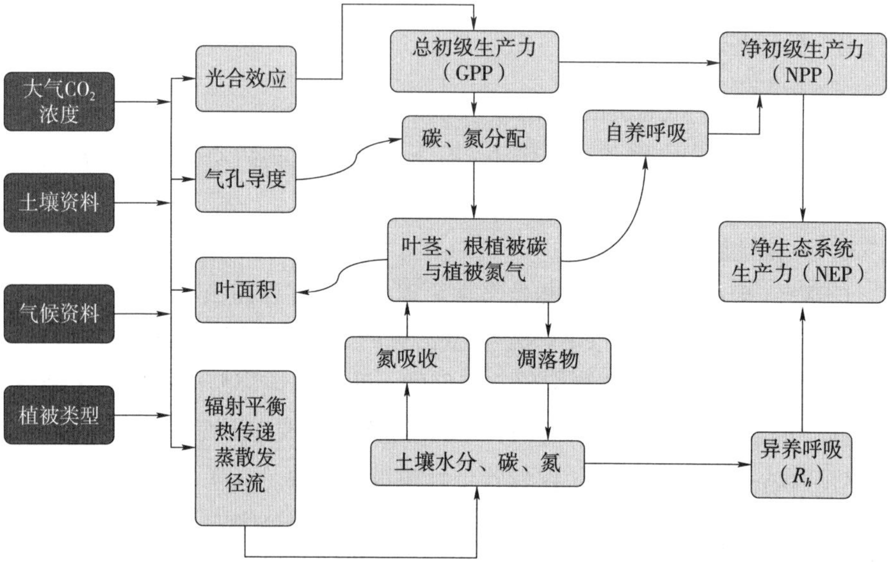

图 4-16　CEVSA 模型框架及运行技术路线

4.1.6.3　CEVSA 模型各子模块需要的参数

估计植被—土壤—大气水热交换、土壤含水量和气孔传导等过程的植被子模块参数见表 4-1；计算植物光合作用、呼吸作用、氮吸收速率、叶面积及碳、氮在植物各器官之间分配、积累、周转和凋落物产生的植物生理生长子模块需要的参数见表 4-2；估计土壤有机质分解碳氮转化和有机氮矿化等过程的土壤碳、氮转化子模块参数见表 4-3。

表 4-1　植被子模块参数

植被子模块（NPP、分配、凋落物量）	参数
$A_b=\min\{W_c,W_j,W_p\}(1-\frac{0.5P_o}{\tau P_c})-R_d$ $A_d=\frac{g_s(P_a-P_c)}{160}$ $g_s=\left[\frac{g_0(T)+g_1(t)\ AR_h}{P_a}\right]k_g(w_i)$	P_o、P_c：叶肉组织中 O_2 和 CO_2 的分压 T：Rubisco 对 CO_2 浓度特定因子 R_d：白天叶片非光合速率 g_1：灵敏度参数 g_0：光补偿点下光合速率为零时的气孔导度 t：温度 R_h：相对湿度 A：叶片光合速率 k_g：气孔导度对土壤含水量的响应函数

表 4-2　植物生理生长子模型需要的参数

植物生理生长子模型（蒸散、土壤水分动态、气孔导度）	参数
$\mathrm{ET}=\dfrac{sR_n+c_p\rho g_a D}{\lambda\left(s+\gamma\left(\dfrac{1+g_a}{g_n}\right)\right)}$ $\dfrac{\mathrm{d}w_s}{\mathrm{d}t}=\mathrm{Rain}-\mathrm{ET}-\mathrm{Runoff}$	c_p：空气比热容 g_a：边界层导度 R_n：净辐射 γ：干湿常数据 λ：蒸发潜热 ρ：空气密度 D：水汽压差 s：饱和水汽压差对温度的曲线斜率 w_s：土壤含水量 Rain：冠层截流后进入土壤的降水 Runoff：径流损失水量

表 4-3　碳、氮转化子模块参数

	碳、氮转化子模块（凋落物、土壤有机碳分解和运输）	参数
土壤碳氮动态	$\mathrm{HR}=\mathrm{POLC}\ (i)\times K_i\times \mathrm{SWF}\times N\lim(i)\times F(i)$ $Lc=\mathrm{e}^{(-3\times LS)},T_m=(1-0.75\times T)$ $\mathrm{ET}=\dfrac{sR_n+c_p\rho g_a D}{\lambda\left(s+\gamma\left(\dfrac{1+g_a}{g_A}\right)\right)}$ $\dfrac{\mathrm{d}W_s}{\mathrm{d}t}=\mathrm{Rain}-\mathrm{ET}-\mathrm{Runoff}$ $\mathrm{SWF}=f(T)\times f(W_s)$ $f(W_s)=0.8\mathrm{MSAT}^{\left(\frac{W_s^{\mathrm{b}}-\mathrm{wopt}^b}{\mathrm{wopt}^b-100^b}\right)^2}$ $\mathrm{Na}=\sum_1^8 \mathrm{POLC}_t K_t\left(\dfrac{N}{C}\right)\ i$	K_i：各个碳库的分解速率 F：呼吸参数 Nlim：有效氮对分解的作用 Lc：木质素含量对分解的影响 T_m：土壤质地的影响 T：粉土和黏土含量 MSAT 和 b：土壤具体的参数 W_s：土壤水分（饱和含水量百分比） wopt：分解作用的最优土壤含水量 N/C：氮碳比 S：比叶面积，其值根据植被类型而定 f：向叶片分配碳的比例 R_m：CO_2 在叶肉组织中的扩散阻抗 R_s：水分传导的气孔阻抗

续表

	碳、氮转化子模块（凋落物、土壤有机碳分解和运输）	参数
植物氮吸收和自养呼吸	$A_{\max}=\frac{190N}{360N}$ $N=N_T\frac{R_t}{R_0}$ $N_T=\frac{e^{(w_1-\frac{w_1}{0.003\,31T})}}{1+e^{(\frac{w2T-205}{0.003\,31T})}}k_T(T_c)$ $u_1=40.8+0.017-0.002Tc^2$ $u_2=0.738-0.002T_c^2$ $u_3=97.412-2.504\ln N_P$ $R_{\mathrm{ml}}=\frac{N}{50}e^{r_1(Tc)-\frac{r_2(Tc)}{8.314\,4T}}$ $R_{\mathrm{ms}}=K_m m_{tc}R_t(T)$ $R_T(T)=e^{21.6}-\frac{5.367\times10^4}{8.314\,4T}$	R_i：某一层叶片接收的辐射（i=1，2，…，k，k为冠层的层次） R_0：冠层接收的总辐射 K_m：呼吸速率 R_r（T）：维护呼吸温度响应函数

4.1.6.4 预测情景设置

RCPs是一系列综合的浓缩和排放情景，用作21世纪人类活动影响下气候变化预测模型的输入参数，以描述未来人口、社会经济、科学技术、能源消耗和土地利用等方面发生变化时，温室气体、反应性气体、气溶胶的排放量，以及大气成分的浓度（表4-4）。表4-4中辐射强迫力（Radiative forcing）表示大气成分（如CO_2）发生变化时，对流层中辐射的收支平衡变化，不同的辐射强迫力路径是不同社会经济和技术发展情景的体现。RCPs包括一个高排放情景（8.5 W/m^2，RCP 8.5），2个中等排放情景（6.0 W/m^2，RCP 6.0; 4.5 W/m^2，RCP 4.5）和一个低排放情景（2.6 W/m^2，RCP 2.6）。其中RCP 8.5导致的温度上升最大，其次是RCP 6.0，RCP 4.5、RCP 2.6对全球变暖的影响最小，不同情景模式下一个重要的差异是对未来土地利用规划的不同（图4-17）。

表 4-4　各代表性浓度路径的主要特点

情景模式	RCP 2.6	RCP 4.5	RCP 6.0	RCP 8.5
温室气体排放辐射强迫力	2.6 W/m^2 低	4.5 W/m^2 中低	6.0 W/m^2 中高	8.5 W/m^2 高
农业区域	用于农田和牧场中等	用于农田和牧场非常低	用于农田中等用于牧场非常低	用于农田和牧场中等
空气污染	中低	中等	中等	中高

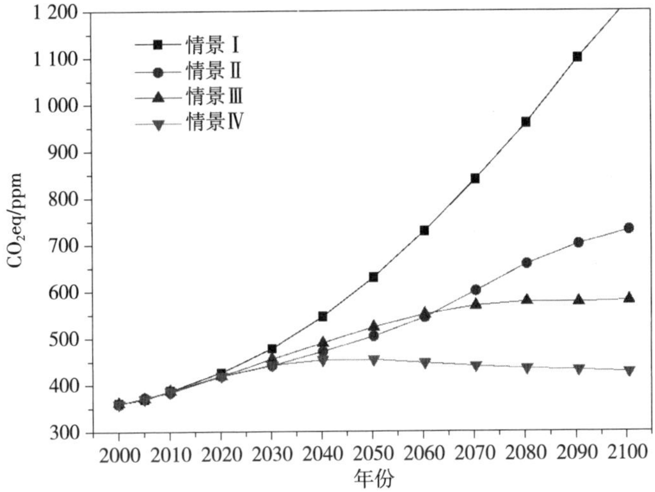

图 4-17　不同情景模式下的 CO_2 等量排放

（1）RCP 8.5

RCP 8.5 是在无气候变化政策干预时的基线情景，特点是温室气体排放和浓度不断增加，在此情景下，随着全球人口大幅增长、收入缓慢增长以及技术变革和能源效率改变导致的化石燃料消耗变大，到 2100 年，大气中的 CO_2 将增至 936×10^{-6}，CH_4 增至 $3\ 751\times10^{-9}$，N_2O 增至 435×10^{-9}。Riahi 等预测，依据 RCP 8.5 的排放情景，到 2050 年全球人口将突破 100 亿，2100 年达到 120 亿，为满足不断增长的食物和能源需求，全球林地面积减少，耕地面积将显著增加，尤其在非洲和南美洲地区。相应地，化肥使用不断增加和农业生产集约化将提升 NO_2 排放；更多的牲畜和水稻生产产生更多的 CH_4，不断加剧大气中温室气体浓度。

（2）RCP 6.0

RCP 6.0 是政府干预下的气候情景，总辐射强迫在 2100 年后稳定在 6.0 W/m^2，大气中的 CO_2 浓度增至 670×10^{-6}，CH_4 在一定程度上减少，N_2O 增至 406×10^{-9}。在此情景下，2100 年人口数目将增至 100 亿，各种政策和战略的制定减少了温室气体的排放，然而与 RCP 2.6 和 RCP 4.5 相比，排放量缓解程度依然较低，此外，耕地面积的增长对森林面积的影响程度较小。

（3）RCP 4.5

RCP 4.5 是另一种政府干预下的气候情景，总辐射强迫在 2100 年后稳定在 4.5 W/m^2，大气中的 CO_2 浓度增至 538×10^{-6}，CH_4 减少，同时 N_2O 增至 372×10^{-9}。全球人口总量最高达 90 亿，随后开始减少。此外，可再生能源和碳捕捉系统的使用和化石燃料使用率的不断减少，森林面积增加后碳储量增加，温室气体排放量也显著降低。由于植树造林政策的实施和作物单产量的增加，RCP 4.5 是唯一的耕地面积减少的排放模式。

（4）RCP 2.6

RCP 2.6 是温室气体浓度非常低的情景模式。辐射强迫顶点约为 3 W/m^2，2100 年降至 2.6 W/m^2，此时 CO_2 浓度为 421×10^{-6}，CH_4 浓度低于 $2\,000\times10^{-9}$，N_2O 浓度为 334×10^{-9}。在此期间，全球范围内能源利用类型的改变，使温室气体排放显著减少，RCP 2.6 是全球作物面积增加最大的排放情景。

我们选择了高排放情景 RCP 8.5 和中排放情景 RCP 4.5 对内蒙古草地净生产力（NPP）和净生态系统生产力（NEP）进行预测模拟。

4.1.7　年际 NPP 变化趋势计算

基于像元的一元线性回归分析，模拟 1981—2020 年研究区植被的变化趋势，计算公式为

$$\theta_{\text{slope}}=\frac{n\times\sum_{i=1}^{n}i\times C_i-(\sum_{i=1}^{n}i)\times(\sum_{i=1}^{n}C_i)}{n\times\sum_{i=1}^{n}i^2-(\sum_{i=1}^{n}i)^2}\tag{4-8}$$

式中：θ_{slope} 为趋势变化率；n=40（监测年数）；C_i 为内蒙古第 i 年的植被

NPP。$\theta_{slope}<0$ 表示植被 NPP 降低，反之，则表示植被 NPP 上升。采用 F 检验对植被 NPP 的年际趋势变化进行显著性检验。计算公式为

$$F=\sum_{i=1}^{n}(\hat{y}_i-\overline{y}_i)^2\times\frac{n-2}{\sum_{i=1}^{n}(y_i-\hat{y}_i)^2} \tag{4-9}$$

式中：y_i、$\hat{y}_i$ 分别表示研究区第 i 年草原覆盖度值的实际值与回归值。根据 F 检验结果将内蒙古草原 NPP 的变化趋势分为 6 个变化等级：极显著减少（$\theta_{slope}<0$，$P<0.01$），显著减少（$\theta_{slope}<0$，$P<0.05$），不显著减少（$\theta_{slope}<0$，$P>0.05$），不显著增加（$\theta_{slope}>0$，$P>0.05$），显著增加（$\theta_{slope}>0$，$P<0.05$），极显著增加（$\theta_{slope}>0$，$P<0.01$）。

4.1.8　偏相关分析

偏相关分析可用于去除一个自变量的影响，只分析另一个自变量对因变量的影响。相关系数的计算是偏相关分析的第一步：

$$r_{xy}=\frac{\sum_{i=1}^{n}(x_i-\overline{x})(y_i-\overline{y})}{\sqrt{\sum_{i=1}^{n}(x_i-\overline{x})^2}\sqrt{\sum_{i=1}^{n}(y_i-\overline{y})^2}} \tag{4-10}$$

式中：r_{xy} 为变量 x 和 y 的相关系数；x、y 为各自变量的平均值。相关系数值介于区间［-1，1］，其绝对值越大说明相关关系越强。

偏相关系数的计算公式：

$$r_{xz,y}=\frac{r_{xz}-r_{xy}r_{yz}}{\sqrt{(1-r_{xy}^2)(1-r_{yz}^2)}} \tag{4-11}$$

式中：$r_{xz,y}$ 表示去除变量 y 后变量 x 和 z 之间的偏相关系数；r_{xy}、r_{xz}、r_{yz} 分别表示变量 x 与 y、x 与 z、y 与 z 之间的相关系数。

采用 t 检验进行相关检验：

$$t=\frac{r_{xz,y}}{\sqrt{1-r_{xz,y}^2}}\times\sqrt{n-m-1} \tag{4-12}$$

式中：n 为样本数；m 为自由度个数。

4.1.9 复相关分析

复相关分析主要分析多个因素对一个因素的影响，假设 y 和 z 是自变量，x 为因变量，则它们之间的复相关系数计算如下：

$$r_{x,yz}=\sqrt{1-(1-r_{xy}^{2})(1-r_{xz,y}^{2})} \tag{4-13}$$

采用 F 检验法进行检验：

$$F=\frac{r_{x,yz}^{2}}{1-r_{x,yz}^{2}}\frac{n-k-1}{k} \tag{4-14}$$

式中：$r_{x,yz}$ 是复相关系数；n 为样本数；k 为自变量个数。

4.1.10 残差分析

采用残差分析法分析人类活动对植被 NPP 变化的影响，此方法广泛应用于植被动态变化驱动力分析中。通过对 NPP 值与气温、降水做二元一次线性回归模拟，求出 NPP 的预测值，然后真实值 NPP 与预测值 NPP 做差，求出人类活动对 NPP 的影响。

$$\varepsilon=\mathrm{NPP}_{\text{真实值}}-\mathrm{NPP}_{\text{预测值}} \tag{4-15}$$

式中：ε 为残差，即人类活动对 NPP 的影响程度。$\varepsilon>0$，人类活动对 NPP 起正面作用；$\varepsilon<0$，人类活动对 NPP 起负面作用；$\varepsilon\approx 0$，人类活动作用甚微。

4.1.11 净生态系统生产力（NEP）估算方法

NEP 是区域上估算植被碳源 / 碳汇的重要指标，在区域尺度上 NEP 常作为碳汇大小的量度，如果不考虑其他自然和人为条件影响，生态系统碳汇可以表示为 NPP 与异养生物呼吸消耗（Heterotrophic respiration，R_h）的差值，即

$$\mathrm{NPP}=\mathrm{NEP}-R_{h} \tag{4-16}$$

异养生物呼吸消耗 R_h 的估算采用近年 Bond-Lamberty 等提出的基于土壤呼吸的估算模型，即

$$\ln R_h = 0.22 + 0.87 \times \ln R_s \tag{4-17}$$

式中：R_h 表示异养生物呼吸速率，kg C/m^2；R_s 表示月土壤呼吸速率，kg C/m^2。

土壤异养呼吸模型基于 1 000 多组样本，且通过 $P<0.05$ 的显著性检验，因此该方法适用于本研究。

土壤呼吸速率 R_s 的估算采用 Raich 等研究的土壤呼吸模型，即

$$R_S = f \times e^{(b\times T_a)} \times \left[P/(k+P)\right] \tag{4-18}$$

式中：b 为温度敏感性系数（b=ln$Q$10/10）；T_a 为月平均温度，℃；P 为月降水量，cm；f 和 k 为常数，其中 f=1.250，k=4.259。

4.2 内蒙古地区气候变化规律

在过去几十年中，地球经历了深刻的气候变化，如温度升高和降水模式改变。2018 年 IPCC 报告了人类活动导致全球变暖比工业化前的水平高出约 1.0℃，范围可能在 0.8～1.2℃。过去的 60 年，中国的平均变暖速率与同期全球地表升温趋势基本一致，升高速率为 0.17℃ /10 a。如果全球变暖以目前的速度继续增长，2030—2052 年全球温度升高可能会达到 1.5℃。

4.2.1 草地气温年变化趋势

内蒙古 1970—2020 年年均温度是 3.96℃（图 4-17），1970—2020 年内蒙古 3 种类型草原区多年平均温度分别为 4.7℃、1.9℃和 5.4℃（图 4-19～图 4-21），即温度从荒漠草原、典型草原到草甸草原逐渐降低。近 50 年来内蒙古草原区的年均温度以 0.44℃ /10 a 的速率增温，高于中国大陆年均温度 0.22℃ /10 a 的增温速率。

内蒙古不同类型的草原地区气温增加速率不同。年变化斜率分别为草甸草原 0.38℃ /10 a、典型草原 0.47℃ /10 a 和荒漠草原 0.46℃ /10 a（表 4-5）。

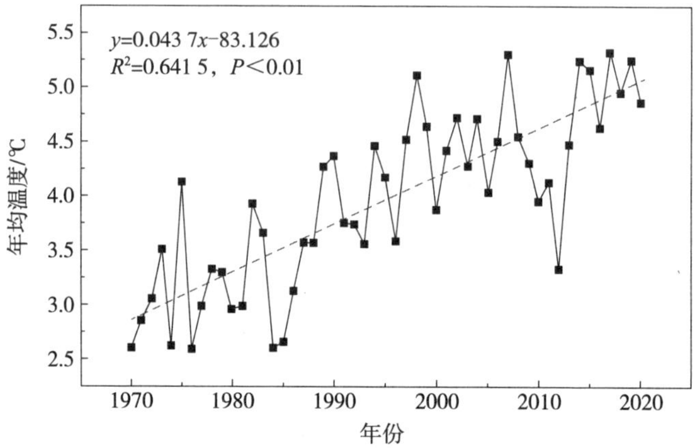

图 4-18　1970—2020 年内蒙古草原地区气温变化趋势

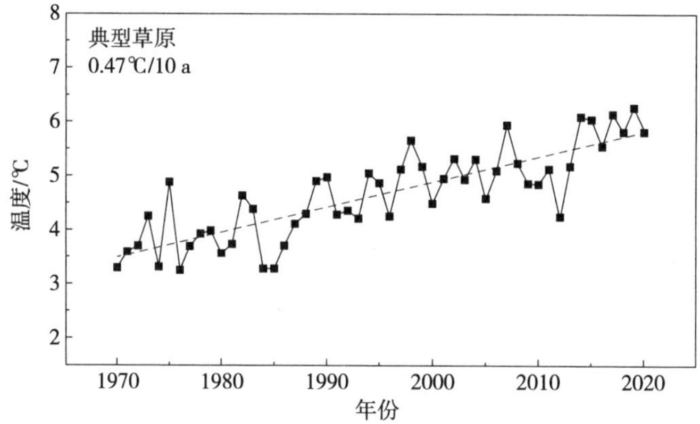

图 4-19　1970—2020 年内蒙古地区典型草原年际温度变化

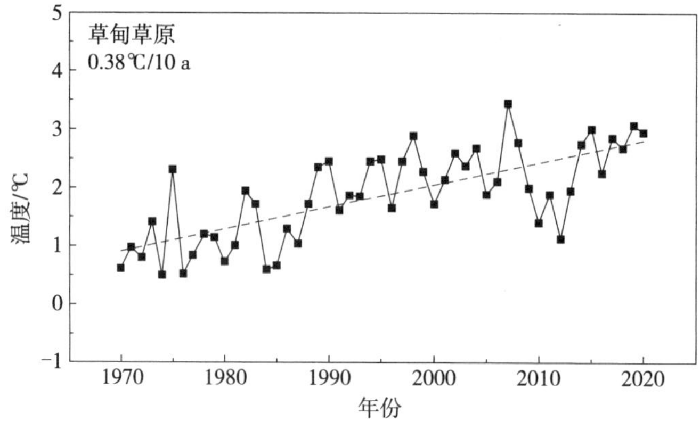

图 4-20　1970—2020 年内蒙古地区草甸草原年际温度变化

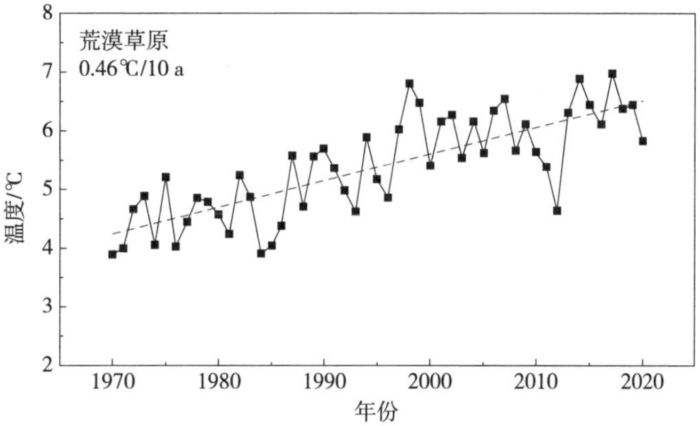

图 4-21　1970—2020 年内蒙古地区荒漠草原年际温度变化

表 4-5　不同类型草原气温变化趋势

生态系统类型	气温变化斜率 /（℃ /10 a）	回归方程	P 值
草甸草原	0.38	$y = 0.0387x-75.379$	＜0.05
典型草原	0.47	$y = 0.0471x-89.397$	＜0.05
荒漠草原	0.46	$y = 0.0455x-85.468$	＜0.05

4.2.2　草地气温季节变化规律

为了进一步对内蒙古 3 种草原类型温度变化进行深入研究，对 3 种草原类型 1970—2020 年季节性降水量进行了调查分析，图 4-22～图 4-27 分别反映了 1970—2020 年内蒙古草甸草原、典型草原和荒漠草原的温度季节性变化的趋势。

图 4-22、图 4-23 为 1970—2020 年内蒙古草甸草原温度季节性变化的情况，从生长季平均温度的年际变化来看，生长季的平均气温年际差异都较小，最低值为 10.08℃，最高值为 13.7℃，生长季多年平均气温为 12.4℃。从草甸草原温度季节性变化可以看出，春、夏、秋、冬 4 个季节的温度会随时间的变化而显著性增加（$P<0.05$），其春、夏、秋、冬 4 个季节的温度增加趋势分别为 0.47℃ /10 a、0.36℃ /10 a、0.30℃ /10 a 和 0.32℃ /10 a，即春季＞夏季＞冬季＞秋季，依次递减。

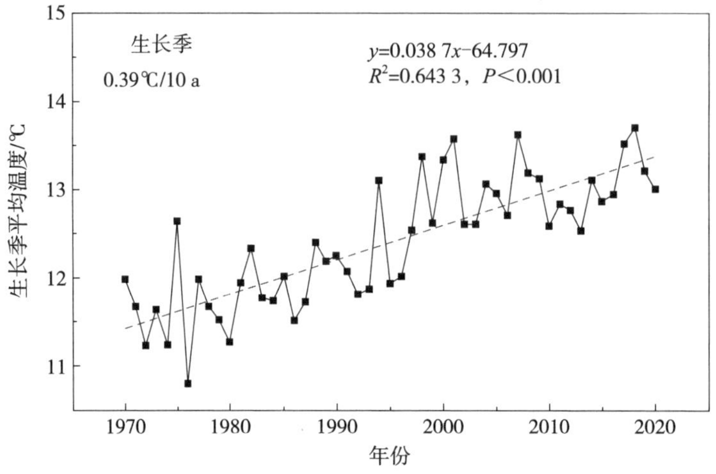

图 4-22　1970—2020 年内蒙古草甸草原生长季平均温度

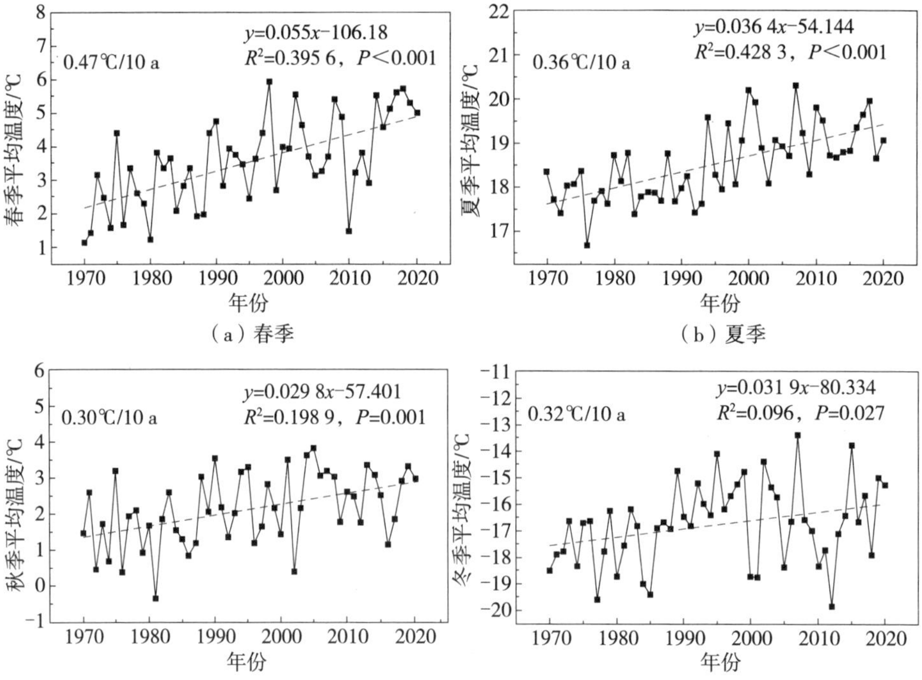

图 4-23　1970—2020 年内蒙古草甸草原温度季节性变化

图 4-24、图 4-25 为 1970—2020 年内蒙古典型草原温度季节性变化的情况，从生长季平均温度的年际变化来看，生长季的平均气温年际差异较小，最低值为 12.68℃，最高值为 15.92℃，生长季多年平均气温为 14.33℃，相

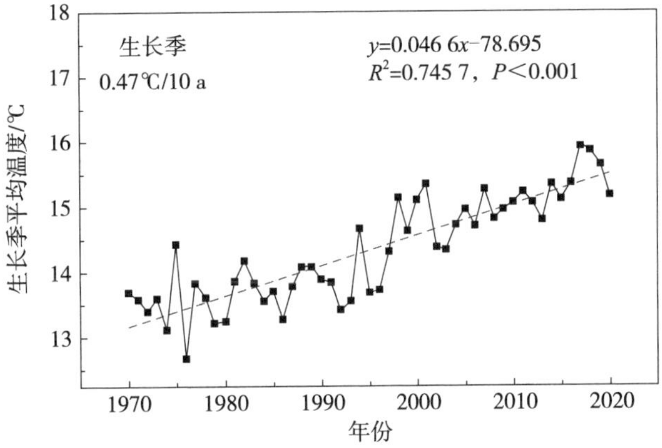

图 4-24　1970—2020 年内蒙古典型草原生长季平均温度

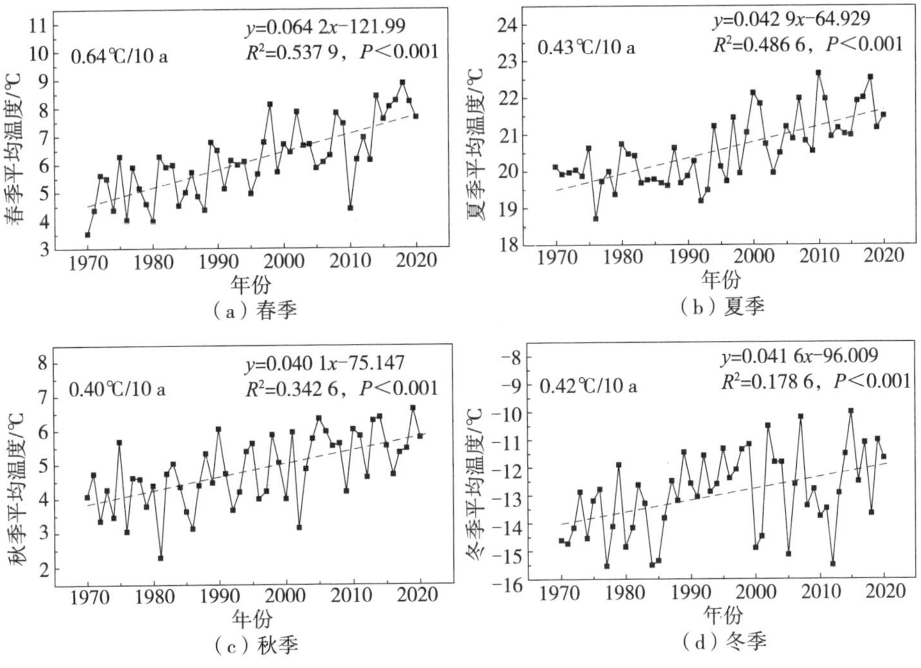

图 4-25　1970—2020 年内蒙古典型草原温度季节性变化

较于草甸草原较高。从典型草原温度季节性变化可以看出，春、夏、秋、冬4个季节的温度会随时间的变化而显著性增加（$P<0.05$），其温度增加趋势分别为0.64℃/10 a、0.43℃/10 a、0.40℃/10 a和0.42℃/10 a，即春季>夏季>冬季>秋季，依次递减，但其增温趋势较草甸草原的增温趋势较高。

图4-26、图4-27为1970—2020年内蒙古荒漠草原温度季节性变化的情况，从生长季平均温度的年际变化来看，生长季的平均气温年际差异较小，最低值为13.65℃，最高值为16.91℃，生长季多年平均气温为15.33℃，相较于其他两种类型的草原，该草原类型温度较高。从荒漠草原温度季节性变化可以看出，春、夏、秋、冬4个季节的温度会随时间的变化而显著性增加（$P<0.05$），其温度增加趋势分别为0.63℃/10 a、0.43℃/10 a、0.41℃/10 a和0.38℃/10 a，即春季>夏季>秋季>冬季，这与草甸草原和典型草原的排列不同，但与其他两种草原类型相比，荒漠草原的增温趋势相对较高。

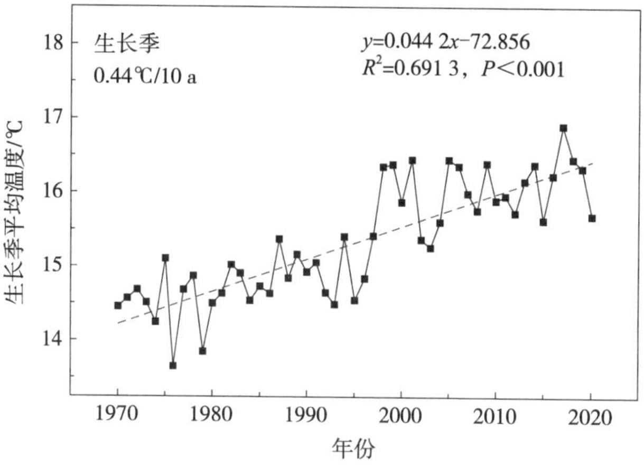

图4-26　1970—2020年内蒙古荒漠草原生长季平均温度

图4-22、图4-24、图4-26表明，3种草原类型的生长季多年平均温度分别为12.4℃、14.33℃和15.33℃，三者温差不大，与年均温度相比，说明3种类型草原的温度在其他月份相差较大。3种类型草原的温度趋势均随时间呈显著性增加，以春季和夏季的增幅较大。结果表明，近年来内蒙古年均气温不断增加，可能是由于春、夏两季的温度增加所导致。

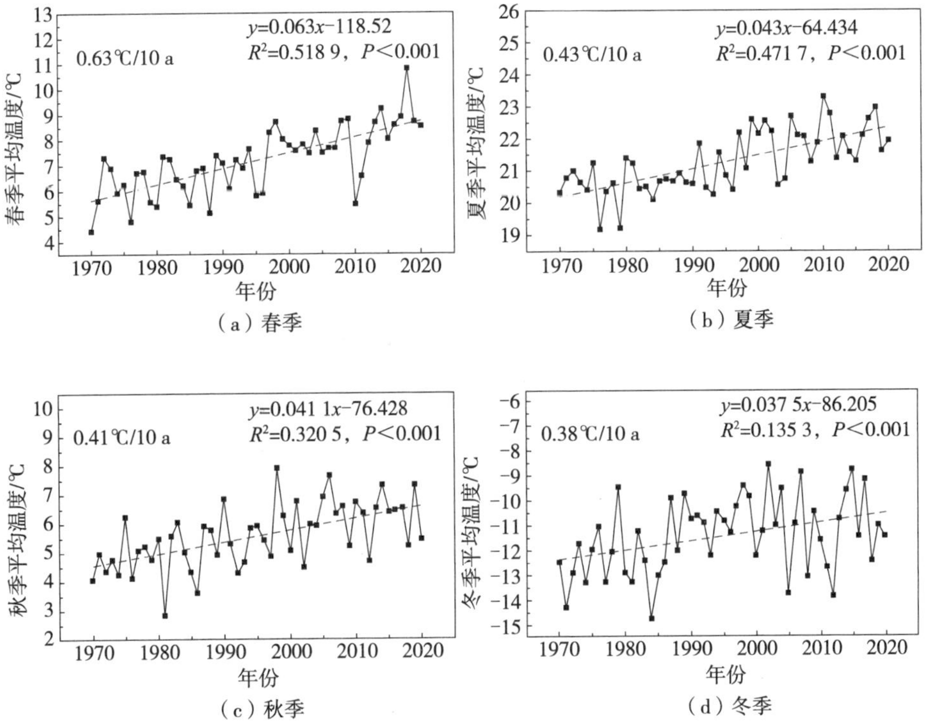

图 4-27　1970—2020 年内蒙古荒漠草原温度季节性变化

总之，从内蒙古草原地区季节性平均气温变化趋势来看，4 个季节平均气温均在升高，其中以春季平均升温幅度最大（0.55～0.64℃ /10 a），其次是夏季（0.36～0.43℃ /10 a），秋季增温幅度最小（0.30～0.41℃ /10 a）。增温主要发生在春季和夏季。这与全国的平均气温冬季增温较多状况不一致。

4.2.3　草地气温距平分析

内蒙古平均气温的年际变化呈现明显的波动，在 20 世纪 80 年代中后期出现明显的突变。利用内蒙古 60 个气象台站 1970—2020 年的年均温度资料进行突变检验分析，发现全区年平均气温的突变时间出现在 1987 年。

1970—2020 年，荒漠草原平均气温每 10 年增加 0.46℃，典型草原平均气温每 10 年增加 0.47℃，草甸草原平均气温每 10 年增加 0.38℃，远高于 1956—2005 年每 10 年 0.138℃的全球线性变暖趋势。其中，荒漠草原在 1995 年、

1996 年及 2012 年剧烈降温后，均持续升温；典型草原自 1996 年降温后，持续升温，表现为正距平；荒漠草原在 1989 年后几乎均表现为升温，大部分距平值为正值。1996 年以后，3 种草原类型的平均气温均表现为缓慢上升，大部分距平值都表现为正值（图 4-28～图 4-37），即在 1970—2020 年的平均温度上。

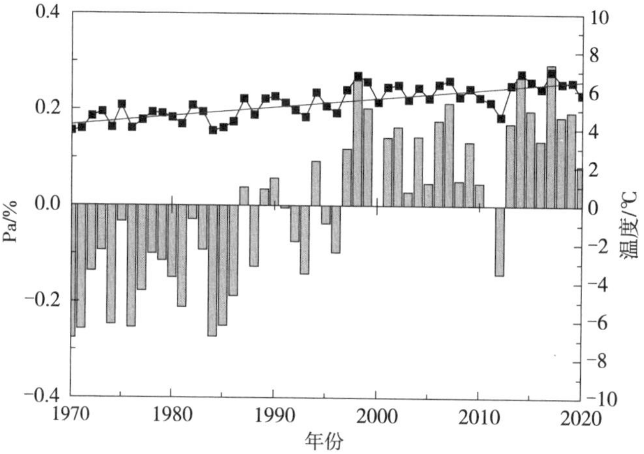

图 4-28　1970—2020 年内蒙古荒漠草原温度变化

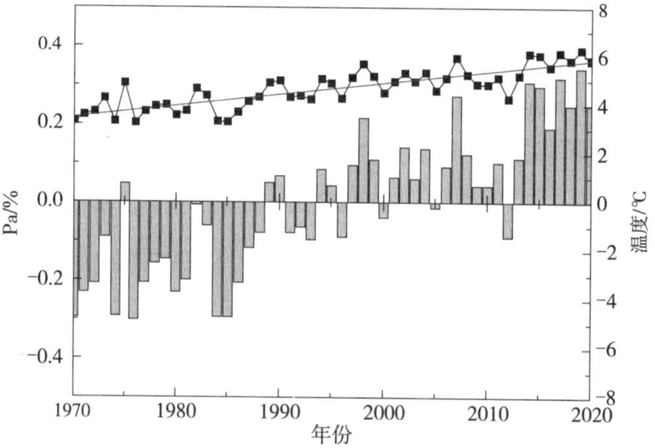

图 4-29　1970—2020 年内蒙古典型草原温度变化

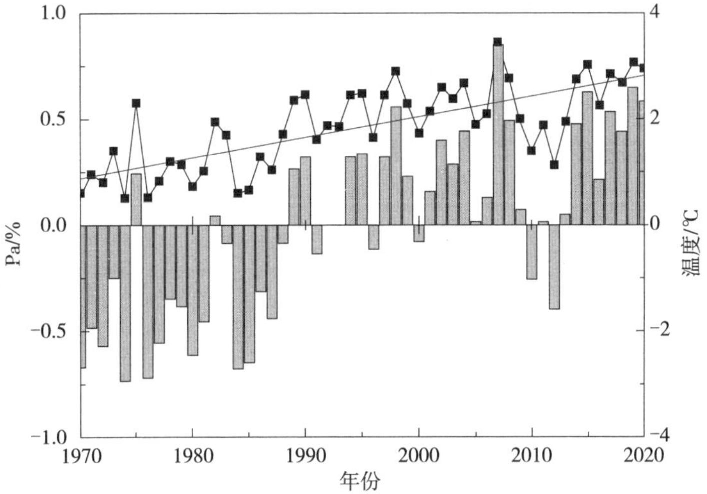

图 4-30　1970—2020 年内蒙古草甸草原温度变化

4.2.4　草地气温变化时空分异规律

图 4-38 反映了 1970—2020 年每 10 年内蒙古草原年均温度增长趋势的空间分布特征，图中可以看出 1971—1980 年内蒙古东北地区，温度呈下降趋势，整体增温趋势由北向南逐渐增大，该期间最大降温值为 0.21℃，最大增温值为 0.83℃，增温趋势偏高的区域集中在锡林郭勒盟和阿拉善盟市，而降温趋势偏高的区域大多分布在赤峰市以东的地区；1981—1990 年，内蒙古温度呈整体上升趋势，且增温程度由南向北逐渐增加，温度增加的最小值和最大值分别为 0.45℃和 1.88℃，增温趋势偏高的区域集中在呼伦贝尔市，而增温趋势偏低的区域大多分布在包头市以西的地区；1991—2000 年，其温度变化情况与 1971—1980 年相似，东北地区仍呈下降趋势，温度降低值最大可达 0.92℃，区域整体温度变化由北向南逐渐增加，增温趋势偏高的区域在赤峰市以西，而发生降温的区域大多分布在赤峰市以东的地区；2001—2010 年增温整体趋势与 1981—1990 年相似，均为由南向北增温幅度逐渐增大，最高增温值可达 0.87℃。不同于 1981—1990 年，2001—2010 年研究区域西部气温呈下降趋势，且温度下降值高达 1.69℃。增温趋势偏高的区域集中在呼伦贝尔市以及包头市以东，赤峰市以西，而有降温趋势的区域大多分布在包头市

以西的地区；2011—2020年，增温幅度由北向南依次降低，10年期间温度增加值达到近51年巅峰，增温趋势最大为2.28℃，西部区域气温仍呈降低趋势，但其降温趋势值远小于前10年。且增温趋势偏高的区域集中在锡林郭勒盟以东，而发生降温的区域大多分布在呼和浩特市以西的地区。

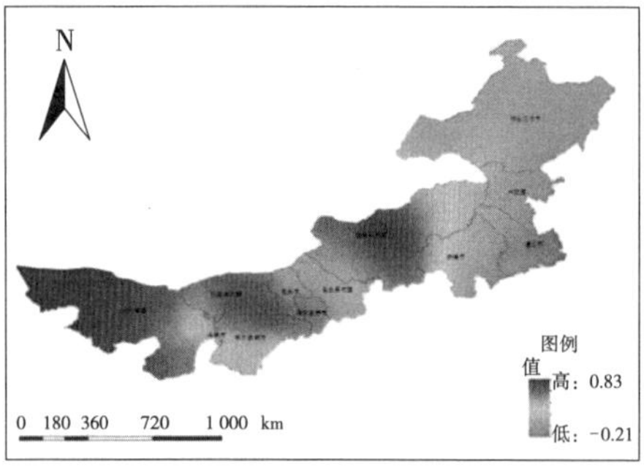

1971—1980年内蒙古气温变化分布

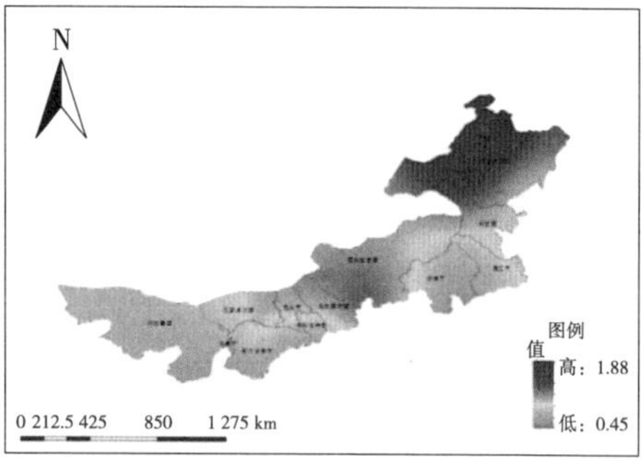

1981—1990年内蒙古气温变化分布

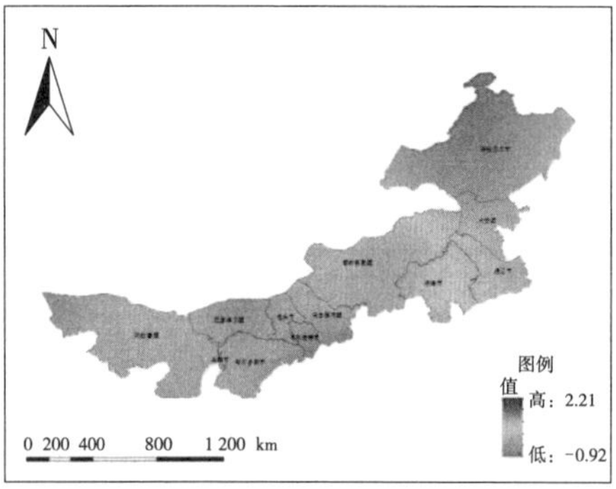

1991—2000年内蒙古气温变化分布

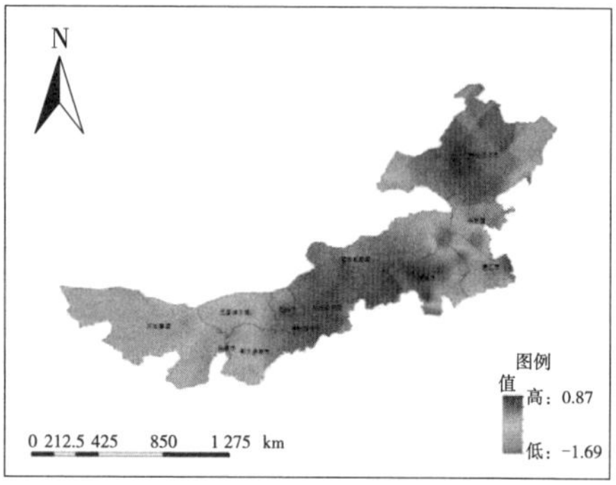

2001—2010年内蒙古气温变化分布

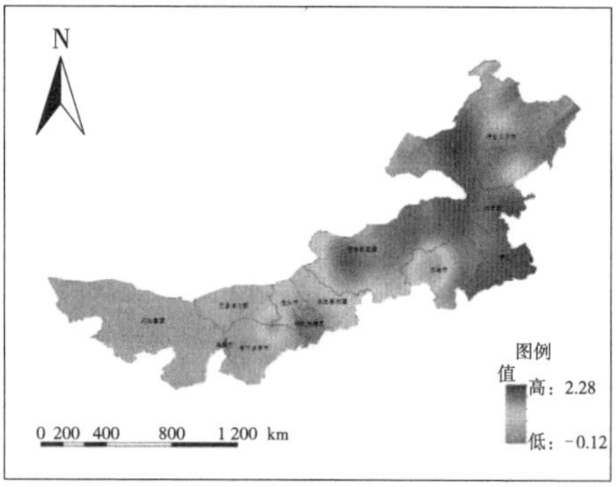

2011—2020年内蒙古气温变化分布

图4-31 1970—2020年内蒙古草原地区平均温度空间变化趋势

1970—2020 年内蒙古草原地区气温呈增温趋势，降水变化趋势比较复杂，年降水量波动较大，整体呈降低趋势。降水的减少及温度升高带来蒸散作用的增加，导致土壤干旱趋势增加。从空间上来说，年均温和季节均温自北向南逐渐升高，年降水量自东北向西南逐渐降低。荒漠草原地区升温和降水减少的耦合效应导致荒漠化趋势加剧。必须将气候变化的重要作用纳入内蒙古生态系统退化的恢复战略。

本书的研究结果和曹立国等（2011）的研究结论一致，他们的研究结果是基于内蒙古锡林郭勒盟 1958—2008 年逐月气温、降水资料，研究表明 51 年来，研究区年平均气温呈显著上升趋势，降水呈下降趋势，气候总体趋暖干化。

本章利用 1970—2020 年内蒙古草原地区 60 个气象站的实际监测数据，分析了研究区气温和降水的时空变化特征。主要结论如下：

（1）近 51 年内蒙古草原区的年均温度以 0.44℃ /10 a 的速率增温，高于中国大陆年均温度 0.22℃ /10 a 的增温速率。4 个季节的平均气温也均呈升温趋势，其中春季以 0.58℃ /10 a 的速率显著增温（$P<0.05$）。研究区生长季降水量以 3.9 mm/10 a 的速率线性减少，与全国年降水量呈小幅增加的趋势相反，说明降水的空间差异性较大。从季节降水变化趋势来看，夏季、秋季降水显著偏少，而冬季、春季降水有偏多趋势。

（2）空间变化上内蒙古荒漠草原区多年均温度的分布特征为由北向南逐渐升高。生长季和夏季的多年均温度则为由东北向西南递减的分布规律。变化趋势上荒漠草原西部增温幅度较大，而东北部较小。年降水量有自东北向西南逐渐降低的区域差异。春季、秋季、冬季降水量均表现为增加趋势且由东北向西南降水增加量逐渐降低。变化趋势上东北部降水量增幅较大，西部降水量增幅较小。

4.2.5 草地降水年变化趋势

根据内蒙古草原地区气象局 1970—2020 年逐日降水气象资料，内蒙古草地多年平均降水 338.41 mm。不同类型草地降水量分别是草甸草原 448.45 mm、典型草原 358.04 mm 和荒漠草原 208.74 mm，即草甸草原＞典型草原＞荒漠草原。

内蒙古地区总的降水变化趋势为降低趋势，但是差异不显著（图 4-32）。

采用年际变化降水量折线图、趋势线等方法，对该草原类型区的降水量变化趋势进行分析，1970—2020 年内蒙古草甸草原、典型草原和荒漠草原的年际降水量波动很大（图 4-33～图 4-35），空间分异显著，3 种草原类型地区的降水量变化率分别为 2.74 mm/10 a（草甸草原）、-2.13 mm/10 a（典型草原）和 -2.43 mm/10 a（荒漠草原）。51 年来，草甸草原降水呈不显著增加趋势，荒漠草原和典型草原降水则呈不显著减少趋势。在 1999—2020 年，草甸草原的降水量（P=0.001）有显著提升，且增雨速率达到 69.11 mm/10 a。

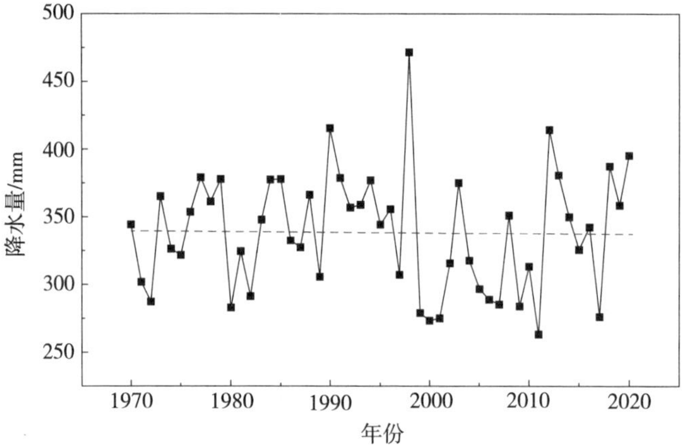

图 4-32　1970—2020 年内蒙古地区年平均降水量变化

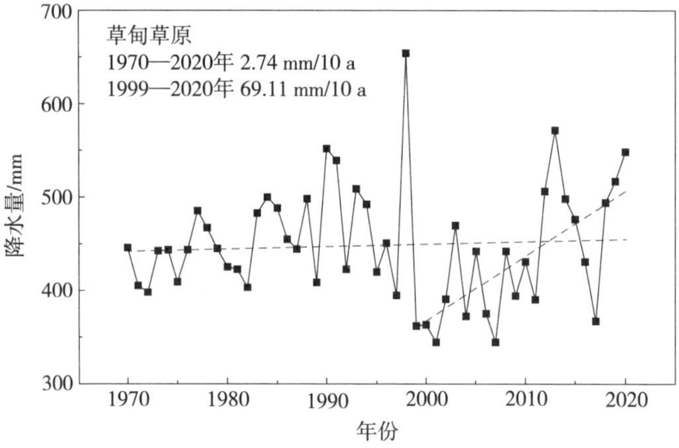

图 4-33　1970—2020 年内蒙古地区草甸草原年际降水量变化

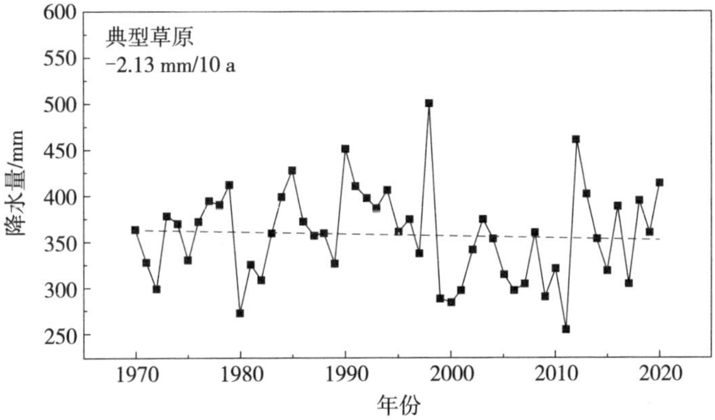

图 4-34　1970—2020 年内蒙古地区典型草原年际降水量变化

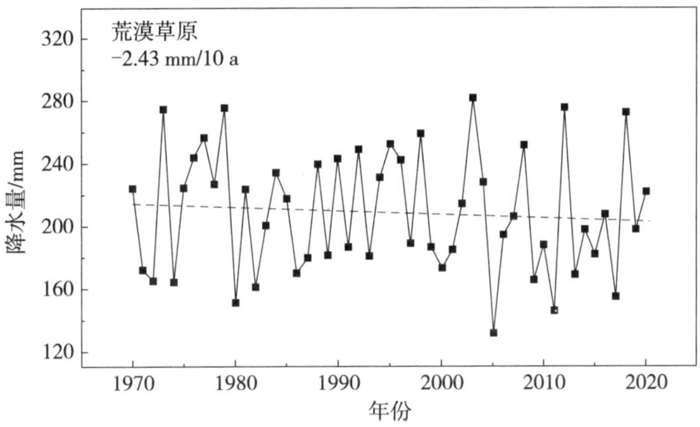

图 4-35　1970—2020 年内蒙古地区荒漠草原年际降水量

4.2.6　草地降水季节变化趋势

为了进一步对内蒙古 3 种草原类型地区降水量变化进行深入的研究，对 3 种草原类型地区近 51 年季节性降水量进行了调查分析，图 4-36～图 4-41 分别反映了 1970—2020 年内蒙古草甸草原、典型草原和荒漠草原的季节性降水量变化的趋势。

图 4-36、图 4-37 为近 51 年草甸草原降水量季节性变化的情况，研究区的生长季降水量近 51 年以 -3.86 mm/10 a 的速率减少，较年降水量的变化速率较大。从四季的时间变化趋势来看，春、夏、秋、冬的降水量均表现为不

同的降水量趋势，夏、秋两季呈下降趋势，春、冬两季呈上升趋势，且各季节降水量变化速率各不相同，其中春季呈显著的线性增雨趋势（P=0.032），增雨速率为 2.38 mm/10 a［图 4-37（a）］；夏季呈不显著的线性减雨趋势，其减雨速率为 -4.62 mm/10 a［图 4-37（b）］；秋、冬两季的降水量则分别以 -0.94 mm/10 a［图 4-37（c）］和 0.47 mm/10 a［图 4-37（d）］的速率呈不显著变化。与近 100 年中国秋季降水略减少，春季降水稍有增加的趋势基本一致。以往的研究表明，降水的这种年际波动特征与亚洲季风环流密切相关。可见降水量减少主要集中在生长季节，从而导致全年降水量不断降低。

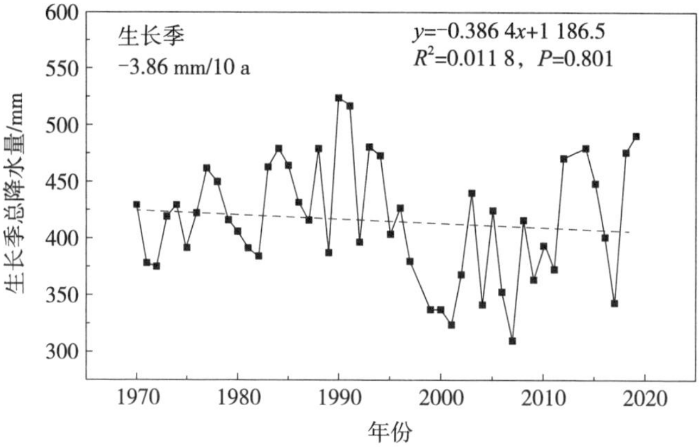

图 4-36　1970—2020 年内蒙古草甸草原生长季总降水

图 4-38、图 4-39 为 1970—2020 年内蒙古典型草原降水量季节性变化的情况，研究区的生长季降水量 1970—2020 年以 -3.00 mm/10 a 的速率减少，较年降水量的速率变化较大。从四季的时间变化趋势来看，春季、夏季、秋季、冬季的降水量均表现出不同的降水量趋势，夏季呈现降低趋势，春、秋、冬 3 个季节均呈现上升趋势，且各季节降水量的线性趋势均不显著。夏季呈不显著的线性减雨趋势，减雨速率为 -4.01 mm/10 a［图 4-39（b）］；春、秋、冬 3 季的降水量分别以 1.29 mm/10 a［图 4-39（a）］、0.10 mm/10 a［图 4-39（c）］、0.25 mm/10 a［图 4-39（d）］的速率呈不显著变化。可见降水量减少主要集中在夏季，从而导致全年降水量不断降低。且典型草原夏季降水量减少的趋势低于草甸草原夏季减雨的趋势，这可能是导致典型草原年降

水减少量低于草甸草原的原因。

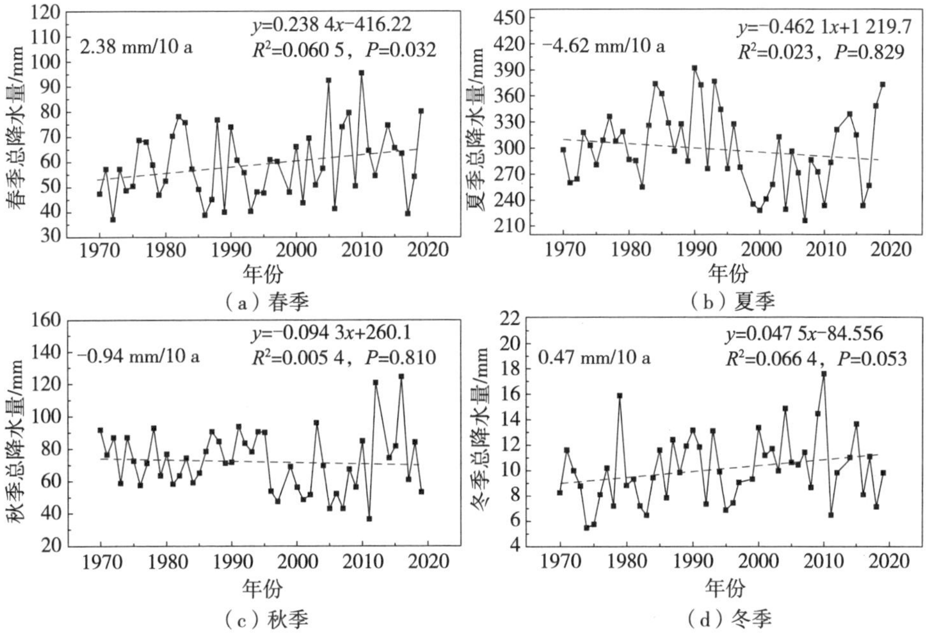

图 4-37　1970—2020 年内蒙古草甸草原降水季节变化

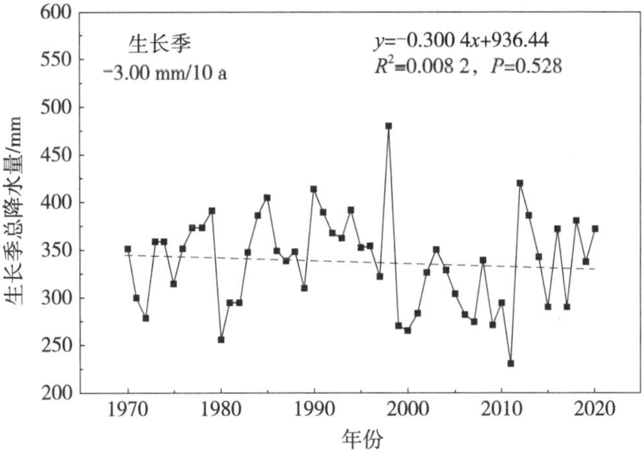

图 4-38　1970—2020 年内蒙古典型草原生长季总降水量

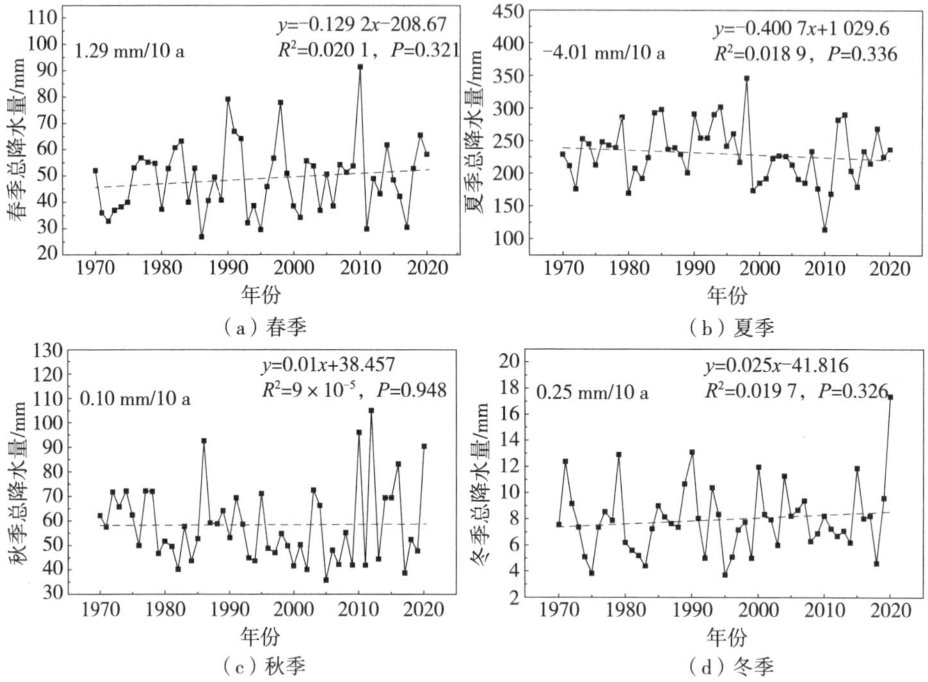

图 4–39　1970—2020 年内蒙古典型草原降水季节变化

荒漠草原研究区的生长季降水量近 51 年以 −2.92 mm/10 a 的速率减少，较年降水量的速率变化较大（图 4–40）。从四季的时间变化趋势来看，春季、夏季、秋季、冬季的降水量均表现为不同的降水量趋势，以夏季呈降低趋势，春、秋、冬 3 个季节均呈上升趋势，且各季节降水量的线性趋势均不显著。夏季呈不显著的线性减雨趋势，减雨速率为 −4.68 mm/10 a［图 4–41（b）］，在 3 种草原类型地区中减雨趋势最大；春、秋、冬 3 季的降水量分别以 1.46 mm/10 a［图 4–41（a）］、1.10 mm/10 a［图 4–41（c）］、0.09 mm/10 a［图 4–41（d）］的速率不显著变化。可见降水量减少主要集中在夏季，这可能是荒漠草原全年降水量不断降低的原因。荒漠草原夏季降水量减少的趋势高于草甸草原夏季减雨的趋势，然而其年降水趋势低于草甸草原，导致这种情况的原因可能是荒漠草原只有夏季降水量随时间呈减少趋势，其他 3 个季节均为增加趋势。

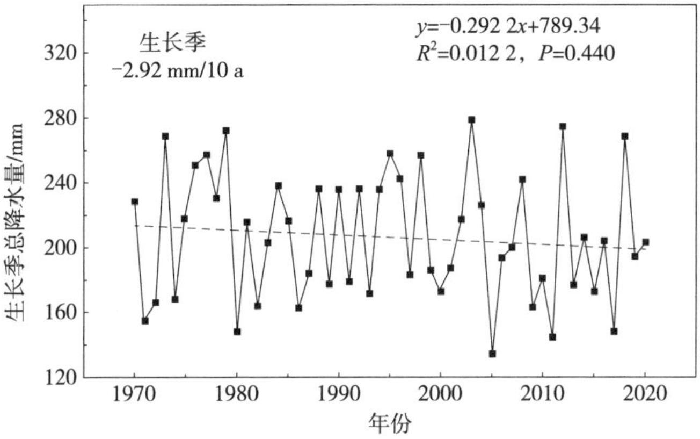

图 4-40　1970—2020 年内蒙古荒漠草原生长季总降水

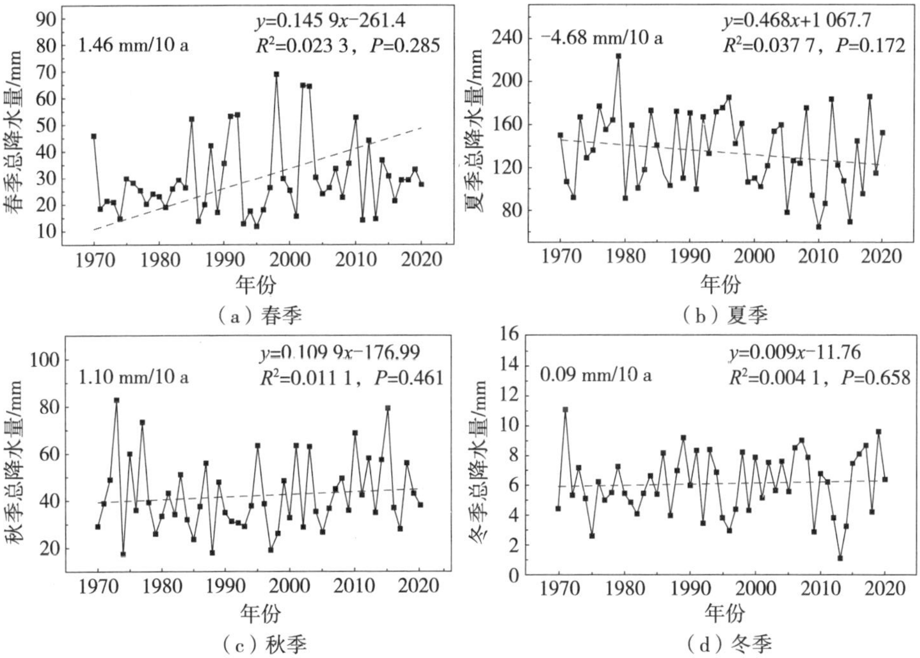

图 4-41　1970—2020 年内蒙古荒漠草原降水季节变化

4.2.7 草地降水距平分析

1970—2020 年，3 种草原的年降水量均随时间呈线性下降趋势，分别为草甸草原 -2.71 mm/10 a、典型草原 -2.13 mm/10 a 和荒漠草原 -2.43 mm/10 a。年降水量从 1999 年开始明显下降，年降水量距平百分率几乎均为负距平。其中，草甸草原降水变化幅度最大（图 4-42），荒漠草原次之（图 4-43），典型草原降水变化幅度最小（图 4-44）。草甸草原在 1970—2020 年有 60% 的降水距平百分率表现为负值，即降水量低于 50 年来的平均降水量；荒漠草原和典型草原的年降水量距平百分率分别为 48% 和 44%。

1970—1988 年内蒙古草原处于一个相对稳定的湿润期，温度较低，降水量距平百分率大部分为正值。

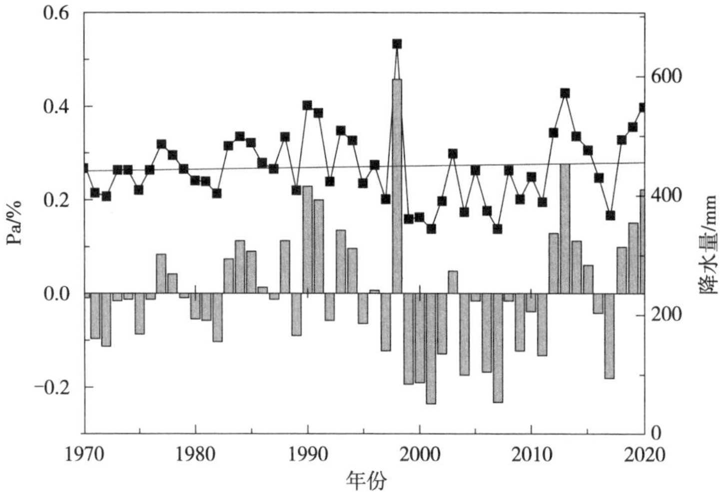

图 4-42　1970—2020 年内蒙古草甸草原降水变化

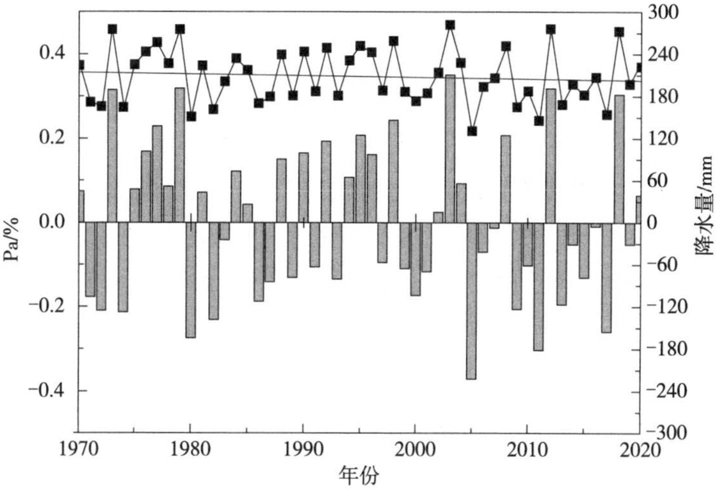

图 4-43　1970—2020 年内蒙古荒漠草原降水变化

注：Pa 指数反映了一段时期内降水偏离同期多年平均值的程度。

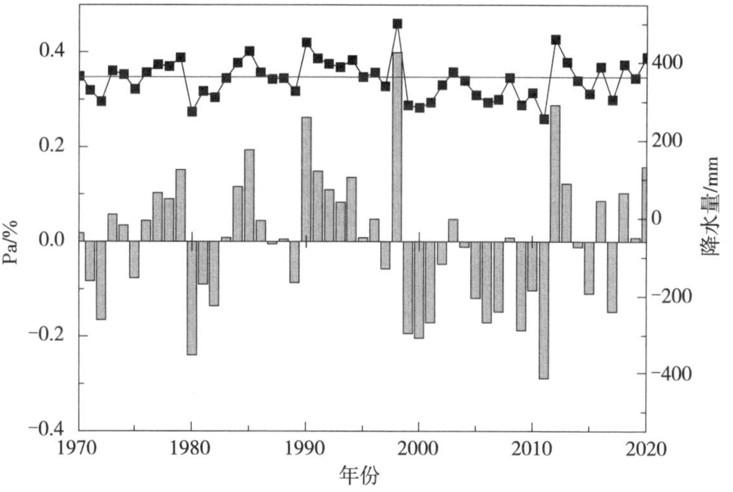

图 4-44　1970—2020 年内蒙古典型草原降水变化

4.2.8 草地降水时空分异规律

图 4-45 反映了 1970—2020 年每 10 年内蒙古草原年降水增减趋势的空间分布特征，从图 4-52 可以看出，1971—1980 年内蒙古东呼伦贝尔市及乌兰察布市，降水增加值达到最高，锡林郭勒盟以东及兴安盟以西的地区降水减少趋势由南向北，依次递增。其他区域整体趋势为增雨，且由西向东逐渐增加。1971—1980 年增雨最大值为 78.01 mm，减雨最大值为 -24.97 mm；1981—1990 年，内蒙古降水量呈整体减少趋势，除锡林郭勒盟以东，呼伦贝尔市以西的地区由北向南降水增加量依次递增以外，其他地区的降水量减少趋势由南向北逐渐增大，降水量增加的最小值和最大值分别为 -11.10 mm 和 191.84 mm；1991—2000 年，与前 10 年相似，内蒙古降水整体呈减少趋势，降水减少趋势由南向北逐渐减少，直至内蒙古北部边缘地区，降水量转变增加趋势。这 10 年降水量增加值最大为 10.15 mm，降水量减少的最大值为 -251.09 mm。减雨量最大的地区分布在兴安盟、通辽市和赤峰市等地区；2001—2010 年降水量整体趋势走向与 1971—1980 年相似，除包头市以东，赤峰以西的地区呈降水量减少趋势外，其他区域呈由西向东依次递增，最东端的呼伦贝尔市和兴安盟的降水量增加最大。与 1971—1980 年不同的是，该 10 年的降水增加和减少最大值，均比 1971—1980 的值要大，降水量减少涉及的地区增多，且由东向西迁移；2011—2020 年，降水增加值由南向北逐渐降低，东北地区大部分区域呈降水增加的趋势，降水量增加的最大值为 184.00 mm，降水量减少的最大值为 -71.94 mm。与前 10 年相比，其降水增加和减少趋势均较低，降水量变化情况较为平缓。可见降水量减少主要集中在生长季，从而导致全年降水量的不断降低。

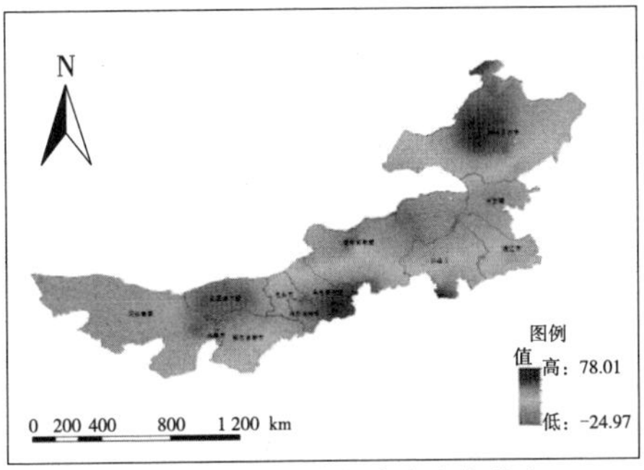

1971—1980年内蒙古降水变化分布

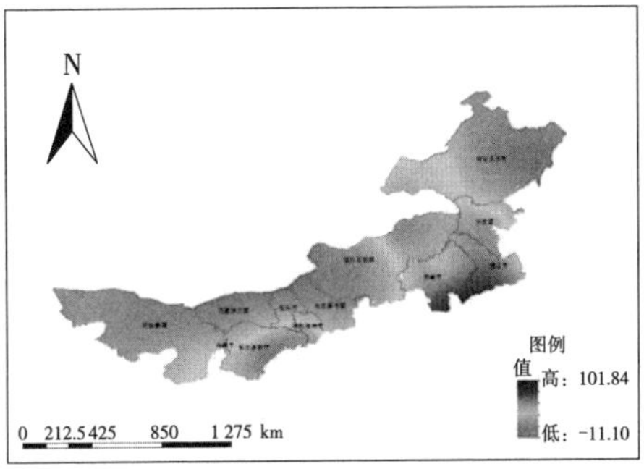

1981—1990年内蒙古降水变化分布

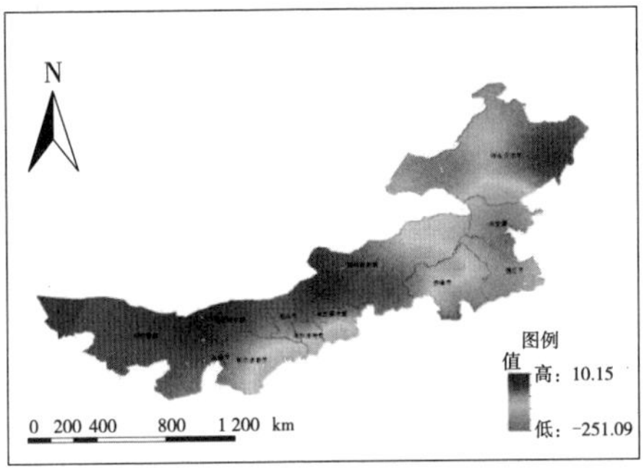

1991—2000年内蒙古降水变化分布

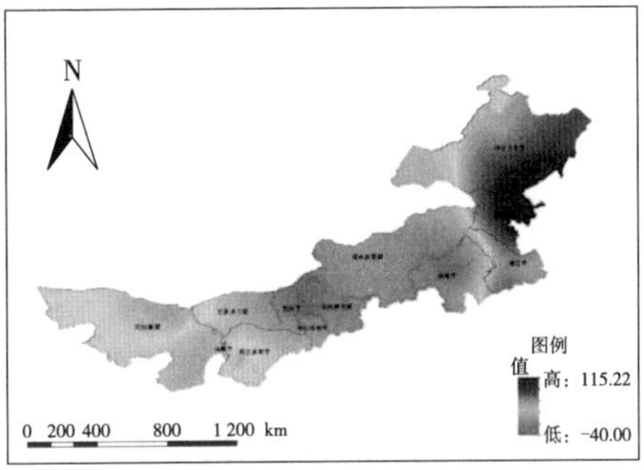

2001—2010年内蒙古降水变化分布

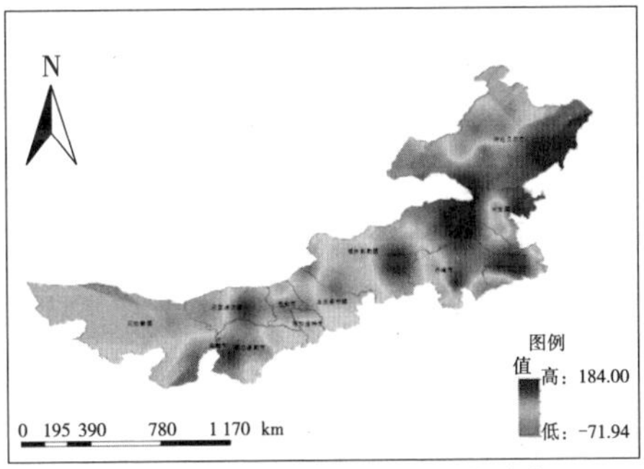

2011—2020年内蒙古降水变化分布

图 4-45　内蒙古降水时空分异规律

4.3 气候变化对内蒙古土地利用和草地群落结构的影响

气候被认为是生态系统变化的重要驱动力。植被是陆地生态系统的主要生产者，是连接土壤、大气和水圈的天然纽带，在生物圈碳循环和能量平衡中发挥着不可替代的作用。过去很多研究由于较少考虑到气候变量的明确作用，大多数研究都集中在人为原因上，如过度放牧、农田开垦和不受管制地开采煤矿和采集药用植物，而忽略了气候变化的重要作用，对气候变化的更全面和综合分析气象要素对生态系统的影响很少受到讨论。

4.3.1 气候变化对内蒙古土地利用类型的影响

1980—2020 年，草甸草原和典型草原及林地的面积在不断减少，相反旱地和沙地的面积呈增长趋势。

土地利用对草地 NPP 的影响主要体现在草甸草原转为典型草原和荒漠草原土地的增加。1980—2020 年，从东到西草甸草原区域大量减少。

由表 4-6 可知，1980—2020 年，内蒙古地区草甸草原、典型草原和林地面积呈下降趋势，整体面积分别下降 12 887 km^2、2 273 km^2 和 172 km^2，比重较 1980 年分别下降 5.19%、1.23% 和 0.14%；荒漠草原和沙地面积呈上升趋势，其中荒漠草原面积较 1980 年面积上升 1 019 km^2，面积比重增加 0.95%；沙地面积较 1980 年增加 1 269 km^2，面积比重增加 0.89%。总体来看，由于全球变暖的影响，内蒙古气候呈暖干化趋势，不同类型草原的气温均呈显著上升趋势，降水量整体呈波动中减少趋势，近 50 年内蒙古地区整体草地面积呈下降趋势。内蒙古草原区植被覆盖受降水影响明显，其中典型草原和荒漠草原尤为明显。

尹燕亭等对气候变化对内蒙古草原生态系统的影响进行研究表明，在全球变暖的大背景下，内蒙古地区的年均气温呈升高的趋势，降水也有不同程度的减少，导致牧区干旱化加剧，草原旱灾的出现概率增大，持续时间变长，草地土壤侵蚀危害严重，土壤肥力降低，在干旱气候与荒漠化、盐化的作用下，草地初级生产力下降，草地景观呈荒漠化趋势。焦珂伟等总结了温度升高和降水变动对植被活动影响研究进展，认为一定幅度的增温与

表 4-6　1980—2020 年内蒙古地区植被覆盖面积

草场类型	1980 年		1990 年		1995 年		2000 年		2005 年		2010 年		2020 年	
	面积 / km^2	占比 / %	面积 / km^2	占比 / %	面积 / km^2	占比 / %	面积 / km^2	占比 / %	面积 / km^2	占比 / %	面积 / km^2	占比 / %	面积 / km^2	占比 / %
草甸草原	248 129	30.84	247 291	30.81	261 301	31.90	237 317	29.86	236 441	29.80	236 080	29.75	235 242	29.72
典型草原	185 483	23.05	184 458	22.98	202 233	24.69	185 889	23.39	183 534	23.13	183 732	23.16	183 210	23.14
荒漠草原	106 886	13.28	106 240	13.24	108 058	13.19	106 595	13.41	106 406	13.41	107 124	13.50	107 905	13.63
林地	121 259	15.07	120 968	15.07	121 781	14.87	120 541	15.17	120 862	15.23	120 794	15.22	121 087	15.30
沙地	142 920	17.76	143 581	17.89	125 724	15.35	144 308	18.16	146 269	18.43	145 689	18.36	144 189	18.21
合计	804 677	100	802 538	99	819 097	100	794 650	99.99	793 512	100	793 419	99.99	791 633	100

降水有利于植被活动增强，过高的升温会对植被活动过程产生不利影响，暖湿的气候组合对植被活动更有利。气候变化引起植被净生产力下降，内蒙古西部地区受水分影响，草原有所退化。有研究表明，在过去的半个世纪里，内蒙古沙漠的相对面积（冷温带沙漠灌木丛、暖温带荆棘草原、暖温带沙漠灌木丛、冷温带沙漠和暖温带沙漠）显著增加，森林的相对面积（北方湿润森林和冷湿森林）减少。此外，冷温带草原的面积以每 10 年 5.7% 的速度不断减少；如果目前的下降速度继续，沙漠相对生活区的平均中心将向东北移动，导致草原和森林面积减少，沙漠面积增加。总的来说，气候变化对生态系统产生了强烈影响。因此，必须将气候变化的重要作用纳入内蒙古生态系统退化的恢复战略。

表 4-7　1980—2020 年内蒙古地区植被覆盖面积的比重变化

草场类型	草地面积变化 /%						
	1980—1990 年	1990—1995 年	1995—2000 年	2000—2005 年	2005—2010 年	2010—2015 年	2015—2020 年
草甸草原	−0.34	5.67	−9.18	−0.37	−0.15	−0.35	−5.19
典型草原	−0.55	9.64	−8.08	−1.27	0.11	−0.28	−1.23
荒漠草原	−0.60	1.71	−1.35	−0.18	0.67	0.73	0.95
林地	−0.24	0.67	−1.02	0.27	−0.06	0.24	−0.14
沙地	0.46	−12.44	14.78	1.36	−0.40	−1.03	0.89

4.3.2　气候变化对内蒙古草地群落结构的影响

4.3.2.1　植物物候期对温度和降水的响应

2000—2020 年，内蒙古荒漠草原的春季温度高于草甸草原和典型草原，而荒漠草原的春季降水量低于草甸草原和典型草原。秋季，荒漠草原比草甸草原和典型草原温暖干燥。在春季和秋季，草甸草原是 3 种草地类型中最冷和最潮湿的。3 种草地类型秋季比春季更冷、更湿润。不同草原类型的气候变化趋势不同也导致其植被物候期具有不同的趋势。总体来看，3 种草原植被生长季起始期与季前温度和降水存在显著负相关，生长季结束期与季前温度和降水存在显著正相关，而 3 种草原类型的生长季长度并无显著区别。

荒漠草原 SOS 对季前温度和降水的敏感性显著强于草甸草原和典型草原。与草甸草原和典型草原相比，荒漠草原对 EOS 前温度的敏感性显著减弱，对 EOS 前降水的敏感性显著增强。

生物物候特征是环境条件季节和年际变化最直观、最敏感的综合指示器。物候期的变化可以反映短期内陆地生态系统的动态特征。温度是植物物候对气候变化响应最主要且常用的因子，其对植物物候的影响存在不确定性。顾润源等研究发现，1983—2009 年内蒙古典型草原区牧草生长季延长趋势最为明显，荒漠草原次之，草甸草原牧草生长期延长最少。内蒙古克氏针茅草原的气候朝着暖干化趋势发展，主要植物物候整体呈返青期推后而其他物候期提前的趋势。1985—2002 年，在区域尺度上，内蒙古羊草草原气温每升高 1℃，羊草返青期约提前 2.4 d，黄枯期约提前 3.7 d。

4.3.2.2 气候变化对草原植物群落的影响

降水脉动导致了群落中各功能群达到生物量峰值的时间发生改变，异步性增加，其中多年生根茎禾草、多年生杂类草与灌木达到生物量峰值的时间略呈提前趋势，多年生丛生禾草、半灌木、一二年生植物达到生物量峰值的时间均呈推后趋势；各功能群高峰期生物量波动增大，但构成群落的多年生根茎禾草、多年生杂类草及多年生丛生禾草等主要功能群稳定性较高，导致整个群落稳定性较高，能够较好地适应气候波动。

在内蒙古草原测定放牧、增雨处理后围栏中植物群落结构的变化、土壤中有机质和全氮的含量，确定全球气候变化对草地生态系统的影响，研究发现增雨处理下植被群落结构发生了显著变化，增雨显著增加了植被群落的覆盖度、多样性而对地上生物量和高度没有显著影响。作为草原主要植被的牧草生长发育主要受降水和温度的影响，温度主要控制牧草生育期的长短，降水直接影响牧草的生长发育状况，是决定草原生态系统生产力的主要因素。典型草原地区天然牧草物种多样性主要控制因子是水分条件（降水、空气相对湿度）。

通过相关性分析，研究了不同环境因子对内蒙古西部自然植被物种多样性的影响，发现气候因子中，年均温度、年降水量、潜在蒸散量和最冷月均温对群落物种多样性均具有显著影响。

蒋延玲等（2015）收集了 1992—2013 年关于模拟 CO_2 浓度升高及气候变化

（温度升高、降水变化）对内蒙古地带性草原群落的 5 个建群种针茅植物的影响，实验研究结果表明模拟 CO_2 浓度升高、增温和增雨将提高针茅植物的光合作用和株高生长，但二氧化碳处理时间延长会导致光合适应；温度和降水变化将改变针茅植物的物候进程，但物种之间反应有差异；二氧化碳浓度升高有助于针茅植物生物量增加，增温和干旱则相反。干旱和涝渍胁迫将提高针茅植物植株 C/N，CO_2 浓度升高将加剧水分胁迫下针茅植物植株 C/N 的增加效应。

谷蕊利用开顶式生长室（OTC）于 2014 年的生长季在内蒙古克氏针茅草原进行模拟增温增雨实验，探讨温度与降水变化对克氏针茅草原生态系统群落特征与系统碳交换的影响，明确气候变化对草地生态系统生产力、生物多样性的影响。结果发现增雨处理增加了群落中出现的物种数，增温增雨处理下建群种羊草的重要值增加；增雨处理下群落密度和群落生物量增加，增温增雨处理下群落高度增加，增温和增雨处理对于群落的物种多样性和均匀度没有显著影响。增雨对于群落的 NEE、GEP 和 ET 有促进作用，增温有抑制作用。气温升高不利于克氏针茅草原的碳收支。

苗百岭等利用 2004—2013 年内蒙古草原区生态监测站群落优势种物候观测资料和同时段的气象资料，分析了不同草原类型地区优势种物候期变化及其与气候因子间的相互关系，结果表明，2004—2013 年内蒙古草原区各时段气候波动趋势均不显著，返青前以气温降低、降水增加趋势为主，黄枯前草甸草原、典型草原以气温降低、降水增加趋势为主，荒漠草原变化趋势相反。内蒙古草原区植物返青期主要受气温波动的影响，草甸草原返青期与前 3 个月平均气温的负相关性最为显著，典型草原、荒漠草原返青期与前两个月平均气温的负相关性最为显著。典型草原区植物黄枯期受前 1～2 个月平均气温和累积降水的共同影响，草甸草原、荒漠草原植物黄枯期与各时段降水、气温的相关性均不显著，影响黄枯机制比较复杂。

气候变化尤其是降水变化对研究区植被影响较大，1960—1985 年区域年平均降水量与年植被状况的 Pearson 相关系数 r 为 0.619，1998—2008 年的相关系数 r 可达 0.900。1982—2012 年，NDVI 异常与内蒙古（R=0.41，P=0.03）降水异常变化呈显著相关。极端事件（1999—2001 年的干旱）与植被 NDVI 动态的下降吻合较好。

表 4-8　Summary of precipitation manipulation studies with rainfall addition or reduction-effects on productivity, biodiversity, respiration, and soil nitrogen

地理位置	生态系统类型	平均温度 / ℃	平均降水量 / mm	试验设计	研究周期	降水量调控	生产力	多样性	呼吸作用，土壤氮
案例 A. 北纬：38°34′，东经：105°57′	干旱：沙漠灌木林，以唐古特白刺为主	7.8	115	无遮蔽物	2009	5—9 月：（1）↑ 25%（2）↑ 50%（3）↑ 75%（4）↑ 100%	地上净初级生产力：（1）↑ 7%（2）↑ 44%（3）↑ 83%（4）↑ 266%	无	呼吸作用：↑ 31%～59%
案例 B. 北纬：47°02′，东经：105°57′	干旱：草原	0.1	163	封闭式遮蔽物	2005	5—8 月：↓ 100%	地上净初级生产力：↓～75% 地下净初级生产力：0	无	无
案例 C. 北纬：36°49′，西经：02°15′	干旱：海岸沙丘	19	200	封闭式遮蔽物	2005.10—2006.6	（1）↓ 25%（2）↓ 50%	地上净初级生产力：（1）and（2）：0	多样性：（1）and（2）：0	无
案例 D. 北纬：70°49′，东经：147°48′	干旱：北极灌木苔原，以南桦为主	-13.9	205	无遮蔽物	2007—2009	夏季：↑～100%	地上净初级生产力：0 长度增量 B.nana：↑～30%	无	无

续表

地理位置	生态系统类型	平均温度 / ℃	平均降水量 / mm	试验设计	研究周期	降水量调控	生产力	多样性	呼吸作用，土壤氮
案例 E . 北纬：37°05′，西经 02°21′	干旱：草原	18	230	封闭式遮蔽物	2005.10—2006.06	（1）↓ 25% （2）↓ 50%	地上净初级生产力： （1）0 （2）↓ 60%	多样性： （1）0 （2）↓ 25%～30%	无
案例 F. 北纬：37°05′，西经：02°21′	干旱：草原和灌木林	18	242	封闭式遮蔽物	2006—2009	↓ 30%	地上净初级生产力：2006 + 2007：0 2009：↓～50%	无	呼吸作用：2007：0 2009：↓～65% 土壤氮 '07：0
案例 G. 北纬：37°05′，西经：02°21′	干旱：草原	17	250	封闭式遮蔽物	2005.10—2006.06	（1）↓ 25% （2）↓ 50%	地上净初级生产力： （1）↓ 35%（ns） （2）↓ 60%（ns）	多样性： （1）0 （2）↓ 25%～30%	无
案例 H. 北纬：34°20′，西经：106°43′	干旱：原生草原 - 灌木林 - 草地 -shmb 交错带	13.2	250	可移动遮蔽物	2002—2008	4—11 月： （1）↓～50% May-Oct. （2）↑ 42%	植被覆盖： （1）B.eriopoda（草类）↓ （2）B.eriopoda（草类）↑ 灌木覆盖：没有一致影响	物种组成：（1）和（2）的变化	无

续表

地理位置	生态系统类型	平均温度 / ℃	平均降水量 / mm	试验设计	研究周期	降水量调控	生产力	多样性	呼吸作用，土壤氮
案例 I. 北纬：34°20′，西经：106°43′	干旱：草原	13.2	250	无遮蔽物	2007—2008	7—9 月：↑ 55%	地上净初级生产力：↑ 86%	无	呼吸作用：↑ 32%
案例 J. 北纬：65°26′，西经：145°30′	干旱：山地苔原，以八瓣旱莲为主	−2.8	268	无遮蔽物	1979—1980	夏季：↑ ~100%	每芽叶数：0 芽生长速率：0	无	无
案例 K. 北纬：78°56′，东经：11°50′	干旱：以仙女木为主的亚北极苔原	−4	271	无遮蔽物	1991—1995	6—8 月：↑ 50%	覆盖植被群和物种数量：0	无	无
案例 L. 北纬：78°122′，东经：15°44′	干旱：北极苔原，主要为四角犀属	−4	271	无遮蔽物	2005—2008	6 月中旬至 8 月下旬：↑ 100%	生长参数（茎和叶长、叶数）：0	无	无
案例 M. 北纬：68°21′，东经：18°49′	半干旱：亚北极荒原生态系统	−0.8	~300	无遮蔽物	1991—1994	夏季 ↑ 150%	地上净初级生产力：0	无	无

续表

地理位置	生态系统类型	平均温度 / ℃	平均降水量 / mm	试验设计	研究周期	降水量调控	生产力	多样性	呼吸作用，土壤氮
案例 N. 北纬：31°23′，东经：34°54′	半干旱：灌木林	18.4	300	穿降水遮蔽物	2004—610 Rs：2006—2007	（1）↑ 30% （2）↓ 30%	地上净初级生产力： （1）0 （2）↑ ~80%	丰富度和多样性：（1）and（2）0	呼吸作用： （1）↓ 10% （2）↑ 31%
案例 O. 北纬：68°21′，东经：19°03′	半干旱：泥炭藓为主的沼泽	-0.5	300	无遮蔽物	2007—2009	夏季：~↑ 100%	地上净初级生产力：0	无	无
案例 P. 北纬：33°62′，西经：117°78′	半干旱：地中海草原	17	325	无遮蔽物	2006	4—5 月：~↑ 85%	地上净初级生产力：0 地下净初级生产力：0	物种丰富度和杂类植物丰度：0	无
案例 Q. 北纬：33°44′，西经：117°42′	半干旱：地中海草原	17	325	缩小地块中的封闭遮蔽物	2006—2007 年生长季节注：严重干旱，环境温度为 79.4 mm	11—6 月： （1）↓ 23% （2）↑ 2%	地上净初级生产力： （1）1%~70% （2）H275%	无	恢复度： （1）↓ ~50% （2）↑ ~30% N 可利用率： （1）↓ ~65% （2）↑ ~60%

续表

地理位置	生态系统类型	平均温度 / ℃	平均降水量 / mm	试验设计	研究周期	降水量调控	生产力	多样性	呼吸作用，土壤氮
案例 R. 北纬：4°49，西经：104°46′	半干旱：短草草原	8.2	341	穿降水遮蔽物	2008—2010	生长季： （1）↓ 60% （2）↑ ~70%	（1）地上净初级生产力：2008+2009：0 2010：↑ ~27% 地下净初级生产力：0 （2）地上净初级生产力：0 地下净初级生产力：2010：0 2009：↓ ~59%	无	无
案例 S. 北纬：4°49，西经：104°46′	半干旱：短草草原	7.2	342	穿降水遮蔽物	2007—2008	（1）↓ 50% （2）↓ 80%	地上净初级生产力： （1）↓ ~17%~20% （2）↓ ~15%~42%	无	无
案例 T. 北纬：42°27′，东经：116°41′	半干旱：温带草原	3.3	382	无遮蔽物	2008—2009	7—8 月： ↑ ~30%	地上净初级生产力：↑ 24%~63% 地下净初级生产力：↑ 34%~182% GEP： ↑ 11%~90%	无	呼吸作用： ↑ 19%~61% Reco： ↑ 11%~71%

续表

地理位置	生态系统类型	平均温度 / ℃	平均降水量 / mm	试验设计	研究周期	降水量调控	生产力	多样性	呼吸作用，土壤氮
案例 U. 北纬：42°02′，东经：116°16′	半干旱：温带草原	3.3	383	无遮蔽物	2008—2009	6—8 月：↑～115%	地上净初级生产力↑ 40%～60% 地下净初级生产力：0	无	呼吸作用：↑ 15%～43%
案例 V. 北纬：41°20′，西经：104°89′	半干旱：杂草草原	8	384	无遮蔽物	2006	5—8 月：↑～115%	植被覆盖：↑ 38% 生态系统生产总值：↑ 121%	无	恢复度：↑ 90%
案例 W. 北纬：38°32′，西经：102°31′	半干旱：矮草草原	8.3	385	穿降水遮蔽物	2007—2008	（1）↓ 50% （2）↓ 80%	地上净初级生产力： （1）↓～0～35% （2）↓～0～51%	无	无
案例 X. 北纬：49°47′，西经：112°94′	半干旱：矮草 / 混草草原	-5.8	386	穿降水遮蔽物	2011	5—10 月 .： （1）↓ 50% （2）↑ 50%	地上净初级生产力：0 地下净初级生产力：0	无	（1）和（2）：呼吸作用：0
案例 Y. 北纬：42°02′，东经：116°17′	半干旱：温带草原	2.1	386	无遮蔽物	2005—2006	7—8 月：↑～30%	生态系统生产总值：↑ 7%～34%	无	恢复度：↑ 11%～26%

续表

地理位置	生态系统类型	平均温度 / ℃	平均降水量 / mm	试验设计	研究周期	降水量调控	生产力	多样性	呼吸作用，土壤氮
案例 Z. 北纬：69°45′，东经：27°01′	半干旱：具有岩高兰和越橘的亚热带森林苔原	−2	400	无遮蔽物	1992—1994	7—8 月：↑ 14%～209%	生长参数 岩高兰：↓～25% 越橘：↑～45%	无	无
案例 AA. 北纬：69°45′，东经：27°01′	半干旱：矮草草原	9.4	425	穿降水遮蔽物	2007—2008	（1）↓ 50% （2）↓ 80%	（1）和（2）：地上净初级生产力：0	无	无
案例 AB. 北纬：48°49′，东经：16°00′	半干旱：低地羊茅草原	9.6	529	穿降水遮蔽物	2006—2010	（1）↓ 50% （2）↑ 50%	（1）地上净初级生产力：↓ 21% 地下净初级生产力：0 根增量：↓ 21% （2）地上净初级生产力：↑ 36% 地下净初级生产力：0 根增量：↑ 38%	物种构成：（1）和（2）的变化，草地 ↓ 和 森林 ↑	（1）和（2）的土壤性质（a.o. N）：0

续表

地理位置	生态系统类型	平均温度 / ℃	平均降水量 / mm	试验设计	研究周期	降水量调控	生产力	多样性	呼吸作用，土壤氮
案例 AC. 北纬：31°42′，东经：35°03′	半干旱：地中海灌木丛	17.7	540	穿降水遮蔽物	2004—610（1）和（2）：0：2006—2	（1）↓ 30% （2）↑ 30%	地上净初级生产力：（1）和（2）：0	丰富度和多样性：（1）和（2）：0	呼吸作用：（1）↓ 5%（2）↑ 12%
案例 AD. South Africa 南纬：24°24′，东经：31°44′	半干旱：下层草本植被	22.9	547	穿降水遮蔽物	2004—2008	（1）150% （2）150%	地上净初级生产力（DPM 测量）： （1）↓ 25%～30% （2）↓ 20%～25%	无	无
案例 AE. 北纬：38°52′，东经：99°23′	半干旱：混草草原	12.1	583	穿降水遮蔽物	2008—2010	生长季节： （1）↓ 50% （2）↑ ～60%	（1）地上净初级生产力：0 地下净初级生产力：0～↓ 35% （2）地上净初级生产力：↑ 31%～55% 地下净初级生产力：0～↓ 40%	无	无

续表

地理位置	生态系统类型	平均温度/℃	平均降水量/mm	试验设计	研究周期	降水量调控	生产力	多样性	呼吸作用，土壤氮
案例 AF. USA 北纬：38°51′，西经：123°30′	栖于湿地的：非蛇形草原	～16.5	620	无遮蔽物	2010	春天：↑ 50%	地上净初级生产力：0	无	无
案例 AG. 北纬：38°25′，西经：123°30′	栖于湿地的：地中海灌木林，以仙人掌为主	～16.5	620	无遮蔽物	2010	春天：↑ 50%	地上净初级生产力：↑～50%	无	无
案例 AH. 北纬：39°25′，西经：123°30′	栖于湿地的：以岩蔷薇为主的灌木林	14.9	622	可移动遮蔽物	2009	3—9 月 .: （1）↓ 25% （2）↓ 45%	AGR C.ladanifer （1）0 （2）↓ 40%	无	无
案例 AI. 北纬：40°37′，西经：122°14′	栖于湿地的：灌木林	16.8	640	可移动遮蔽物	2002—2004	4—5 月和 10—11 月：↓ 100%	无	无	呼吸作用：0

续表

地理位置	生态系统类型	平均温度 / ℃	平均降水量 / mm	试验设计	研究周期	降水量调控	生产力	多样性	呼吸作用，土壤氮
案例 AJ. 北纬：51°46′，西经：01°30′	栖于湿地的：石灰质草原	10	680	可移动遮蔽物	1994—1998	（1）7—8 月：－↓ 100% （2）6—12 月：↑ 20%	地上净初级生产力 （1）↓～7% （2）↑～38%	无	无
案例 AK. 北纬：38°36′，西经：08°10′	栖于湿地的：林下植被	15.5	700	封闭式遮蔽物	2008	生长季节：↓ 32%	地上净初级生产力：↓ 44% 地下净初级生产力：0	多样性：↓ 17%	呼吸作用：↓ 12% 土壤氮：0
案例 AL. 北纬：27°40′，东经：98°12′	栖于湿地的：草地到林地	22.4	716	无遮蔽物	1996—1997	↑～300%	无	无	呼吸作用：↑ 48%～131%
案例 AM. 南纬：25°07′，东经：31°13′	栖于湿地的：下层草本植被	21.9	737	穿降水遮蔽物	2004—2008	（1）↓ 50% （2）↑ 50%	地上净初级生产力（DPM 测量）： （1）↓ 25%～30% （2）↑ 20%～25%	无	无
案例 AN. 北纬：39°15′，西经：121°17′	栖于湿地的：一年生草原	16.0	750	无遮蔽物	2004—607	↑ 50%	地上净初级生产力↑～35% 地下净初级生产力：0	物种组成：0	呼吸作用：↑～10%

续表

地理位置	生态系统类型	平均温度 / ℃	平均降水量 / mm	试验设计	研究周期	降水量调控	生产力	多样性	呼吸作用，土壤氮
案例 AO. 北纬：56°23′，东经：10°57′	栖于湿地的：荒地	9.4	758	可移动遮蔽物	1999—2005	生长季节两个月：↓ 65%～90%	地上净初级生产力：0	物种丰富度：0	呼吸作用：0 氮－矿化：0
案例 AP. 北纬：49°45′，东经：15°54′	栖于湿地的：高原蓟草原	7	762	穿降水遮蔽物	2006—2010	（1）↓ 50% （2）↑ 50%	（1）地下净初级生产力：↓ 18% 根增量：0 地下净初级生产力：↑ 17% 根增量：↑ 15%	无	（1）和（2）的土壤性质（a.o. N）：0
案例 AQ. 北纬：45°43′，东经：03°01′	湿润：草原	12.4	780	封闭式遮蔽物	2005—2007	6—8 月：↓ 20%	ANPP：0	多样性：0 物种组合：0	无
案例 AR. 北纬：37°05′，西经：03°28′	湿润：草本植被、灌木林和森林	14.3	816	穿降水遮蔽物	2007	4—9 月： （1）↓ 35% （2）↑ 50%	无	无	呼吸作用：（1）↓ 19.2%（2）↑ 14.6%

续表

地理位置	生态系统类型	平均温度/℃	平均降水量/mm	试验设计	研究周期	降水量调控	生产力	多样性	呼吸作用，土壤氮
案例 AS. 北纬：39°05′，西经：96°35′	湿润：高地高草草原	13	835	无遮蔽物	1991—2009	↑ 31%	覆盖：↑ -22%	丰富性和多样性：0	无
案例 AT. 北纬：39°05′，西经：96°35′	湿润：高草草原	13	835	封闭式遮蔽物	1998—2000	↓ 30%	ANPP：↓ 10～15%	五	呼吸作用：↓ 7%～8%
案例 AU. 北纬：40°62′，西经：08°17′	湿润：地中海森林草原过渡带	6.8	840	可移动遮蔽物	1999—2005	生长期两个月：↓ 65%～90%	地上净初级生产力：0	物种丰富度：0	无
案例 AV. 北纬：34°59′，西经：97°31′	湿润：杂类草草原	16.3	914	穿降水遮蔽物	2010—2011	（1）↓ 50% （2）↑ 100%	（1）和（2）：地上净初级生产力：0 地下净初级生产力：0	无	无
案例 AW. 北纬：46°34′，东经：09°47′	湿润：高山草甸	2.3	918	封闭式遮蔽物	2006—2007	两三个月的隔离↓ 100%	地上净初级生产力：↓ 65%～69% 地下净初级生产力：0	无	无

续表

地理位置	生态系统类型	平均温度 / ℃	平均降水量 / mm	试验设计	研究周期	降水量调控	生产力	多样性	呼吸作用，土壤氮
案例 AX. 北纬：34°59′，西经：97°31′	湿润：高草草原	16.3	967	无遮蔽物	2003	↑ 100%	地上净初级生产力：↑～80% 地下净初级生产力：0	无	呼吸作用：↓ 9% 氮可用性：0
案例 AY. 北纬：44°50′，西经：110°33′	湿润：草地（5 个地点）	～1	site-dependent	无遮蔽物	2005	4—9 月：↑～50%	GEP：0	无	呼吸作用：0 Reco：0
案例 AZ. 北纬：52°24′，东经：05°55′	湿润：湿地草地	10.1	1 042	可移动遮蔽物	1999—2005	两个月生长季：↓ 65%～90%	地上净初级生产力：0	物种丰富度：0	呼吸作用：0 N 矿化作用：↓
案例 BA. 北纬：42°23′，西经 71°13′	湿润：oki-field 草地	10.3	1 063	穿降水遮蔽物	2009—2010	（1）↓ 50% （2）↑ 50%	（1）和（2）地上净初级生产力：0 地下净初级生产力：0	多样性：0	RH： （1）↓ 21% （2）0
案例 BB. 北纬：47°12′，东经：08°24′	湿润：栽培草地	9.8	1 179	封闭式遮蔽物	2005—2007	春季或夏季两个月 ↓ 100%	地上净初级生产力：0 地下净初级生产力：0	无	无

续表

地理位置	生态系统类型	平均温度/℃	平均降水量/mm	试验设计	研究周期	降水量调控	生产力	多样性	呼吸作用，土壤氮
案例 BC. 北纬 39°05′，西经 96°35′	湿润：高草草原	13	835	封闭式遮蔽物	1998—2000	↓ 30%	地上净初级生产力：↓ 10%～15%	无	呼吸作用：↓ 7%～8%
案例 BD. 北纬：40°62′，东经：08°17′	湿润：地中海森林草原交错带	6.8	840	可移动遮蔽物	1999—2005	两个月生长季：↓ 65-90%	ANPP：0	Species richness：0	无
案例 BE. 北纬：34°59′，西经：97°31′	湿润：混合草草原	16.3	914	穿降水遮蔽物	2010—2011	（1）↓ 50% （2）↑ 100%	（1）和（2）：地上净初级生产力：0 地下净初级生产力：0	无	无
案例 BF. 北纬：53°20′，西经：02°00′	湿润：石灰质草原	8	1 300	可移动遮蔽物	1994—1998	（1）7—8 月：～↓ 100% （2）6—9 月：↑ 20%	地上净初级生产力： （1）↓～5% （2）↑～20%	无	无

续表

地理位置	生态系统类型	平均温度 / ℃	平均降水量 / mm	试验设计	研究周期	降水量调控	生产力	多样性	呼吸作用，土壤氮
案例 BG. 北纬：53°20′，西经：02°00′	湿润：石灰质草原	8	1 300	可移动遮蔽物	2004（地上净初级生产力）2006（物种多样性）在大于 11 年的控制后	（1）7—8 月：～↓ 100% （2）6—9 月：↑ 20%	地上净初级生产力： （1）↓ ～35% （2）0	物种多样性：0	无
案例 BH. 北纬：44°08′，西经：10°35′	湿润：矮生灌木丛甸	2	1 300	无遮蔽物	1999—2003	6—9 月：↑ ～35%	地上净初级生产力：0	物种多样性：0	土壤氮：0
案例 BI. 北纬：49°30′，西经：8°32′	湿润：山地草甸	6.8	1 312	穿降水遮蔽物	2006—2010	（1）↓ 50% （2）↑ 50%	（1）地上净初级生产力：0 地下净初级生产力：↓ 11% 根系：0 （2）地上净初级生产力：0 地下净初级生产力：0 根系：↑ 54%	（1）和（2）物种丰富度和组成：0	（1）和（2）：土壤性质（包括但不限于氮）0

4.3.3 气候变化对物种丰富度的影响

总体来说，杂类草本、禾草和灌木群落中杂类草在1981—2011年物种丰富度一直维持较高水平。据分析，1981—2010年，研究区域温度总体呈上升趋势，增幅为0.04℃/a，降水呈下降趋势。1981—1991年，研究区域温度总体呈上升趋势，增幅为0.04℃/a，降水呈下降趋势，群落总物种丰富度增加趋势明显；1992—2010年呈减小趋势，主要原因为温度升高、降水减少导致杂类草等植物群落的损失。杂类草物种丰富度与群落总物种丰富度在1981—2010年具有相同的变化趋势。禾草和灌木趋势不显著。

植物功能群的相对丰度（用相对生物量表示）也呈类似时间模式。在研究的最后20年中，随着温度的升高和降水量的减少，杂类草的丰度降低，禾草的丰度增加。然W而，灌木物种在其动态中没有表现出任何显著的模式。

4.4 气候变化对内蒙古草地净第一性生产力和碳汇潜力的影响

植被净初级生产力是评价陆地生态系统功能的重要生态指标，也是全球碳吸收的重要组成部分，能直接反映各植被类型在自然环境条件下的生产力，在全球变化和碳循环中扮演重要角色，可为再生资源监测提供全面有效的信息。草地作为陆地生态系统的重要组成部分，研究草地植被生产力有助于了解生态系统碳循环格局。本章在植被物候变化分析基础上，利用CASA模型初步估算了1981—2020年内蒙古草原区植被的净初级生产力，总结了近40年内蒙古荒漠草原区植被NPP的时空变化特征，进而分析了草原植被生产力对气候因子的响应差异。

4.4.1 气候变化对内蒙古草地NDVI的影响

植被变化是全球变化的重要研究内容，能最直观地反映出气候变化的影响。归一化植被指数（NDVI）是由近红外波段的反射值与红外波段的反射值之差比上两者之和计算获取的，是反映植被活动的重要指标。以往的研究发现 NDVI 与植被生产力、光合有效辐射和植被覆盖度之间具有较好的拟合关系。而且由于 NDVI 数据在时效性、空间尺度等方面的优势，所以被广泛地应用于植被覆盖度变化、植被生产力、碳循环、干旱等研究，是表征植被状况最常用的指标。很多学者利用 NDVI 评估气候变化对植被生产力和物候格局的影响以及植被对局地气候条件的反馈效应。

1981—2020 年，内蒙古高原自然植被 NVDI 总体上并没有发生显著变化（图 4-46），但具有明显的 5 年期的阶段波动特征。1982—1986 年、1992—1996 年、2007—2011 年全区植被 NDVI 总体呈上升趋势；1997—2001 年、2002—2006 年略呈下降趋势，过去的近 40 年中最大值出现在 1992—1996 年，最小值出现在 1997—2001 年。但不同的植被类型植被 NDVI 的变化略有差异。

1981—2020 年，内蒙古高原干旱发生的频率、强度和发生范围具有增加趋势，特别是夏季和秋季干旱更为严重。干旱对植被生产力的影响有显著的时空异质性：典型草原和荒漠草原对干旱的响应最为强烈，NDVI 下降的幅度较大，草甸草原 NDVI 下降幅度较小；夏季干旱对典型草原和荒漠草原影响更重，而草甸草原则更容易受到春季干旱的影响；春旱、夏旱对植被生产力的影响存在 1～2 个月的时滞。

NDVI 与气温、降水的相关关系有明显的空间差异性，且降水对 NDVI 的影响更大。王雨晴等研究内蒙古典型草原区 NDVI 对气候变化的影响，结果表明 19 世纪后的内蒙古典型草原区的温度随年份变化有显著增加趋势，20 世纪后的降水有减小趋势，降水与 NDVI 相关性较高，说明降水量是影响典型草原植被生长的主要因素，由于温度对干旱程度有影响，因此温度也会影响植物的生长。

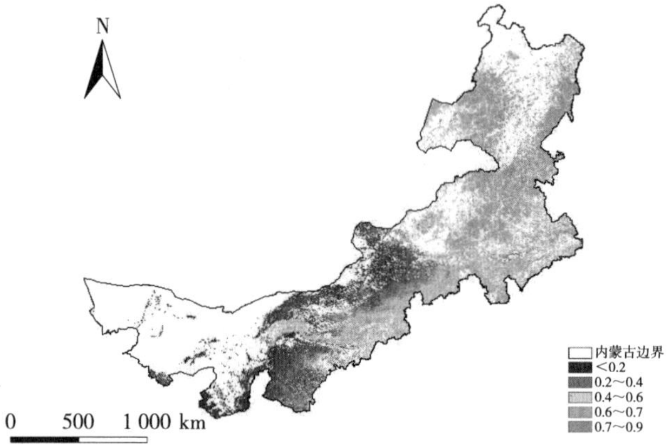

（a）2005年内蒙古草地NDVI

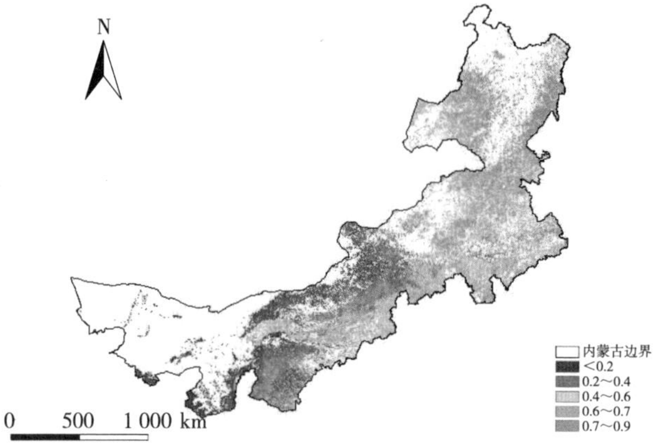

（b）2010年内蒙古草地NDVI

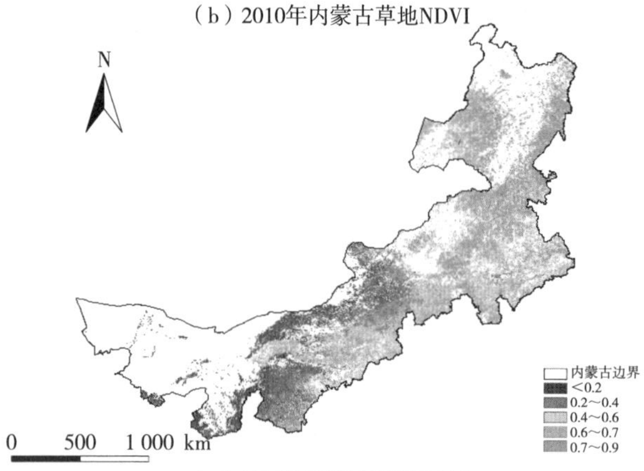

（c）2015年内蒙古草地NDVI

图 4-46 内蒙古地区的 NDVI 空间分布

4.4.2　气候变化对内蒙古草地 NPP 时空分布的影响

草原约占整个陆地生态系统总面积的 30%，NPP 值及驱动力分析是全球变化研究的核心内容。

草原 NPP 值是草原生态系统中土—草—畜系统与气候等因子共同作用的结果，是其结构和功能的表现，也是固碳能力的直接表征。目前，草原 NPP 值研究的主要方法包括收获量测定法、生物量调查法和借助各种模型拟合全球或区域尺度上植被 NPP 值的模型模拟法。而在众多模型中，气候生产力模型由于所用参数简单、易获取，在实践中被广泛应用。内蒙古草原的动态变化及其驱动机制一直受到广泛关注。然而目前绝大多数学者针对内蒙古草原变化驱动力的分析主要集中在气候因子，并没有充分考虑气候因子的复合作用对植被生长的影响，且对人类活动影响的定量研究比较少。为此，基于草原 NPP 值和气象等数据，运用趋势分析、相关分析和残差分析等方法，探讨 1981—2020 年内蒙古草原 NPP 值变化趋势及气候、人类活动对其变化的综合影响，旨在为区域生态建设提供技术支撑和决策依据。

4.4.2.1　植被 NPP 的空间分布及变化特征

1981—2020 年，CASA 模型模拟的年平均草地 NPP 值为 301.65 g C/（m^2・a），具有明显的空间异质性。内蒙古草地 NPP 值空间总体呈从东北向西南递减的趋势，这与之前的研究一致（Dai et al.，2016；Zhao et al.，2019）。93.41% 像元的 NPP 值都分布在 100～350 g C/（m^2・a）（图 4-47），这主要取决于降水量和温度的空间分布。东北地区降水较多，主要草地类型为温带草甸草原，对水敏感，生产力强。东南部地区降水量少，温度高，多为温和的荒漠草原，耐水分变化，生产力相对较低。在锡林郭勒盟、呼伦贝尔市、兴安盟、通辽市和赤峰市东部，草甸草原广泛分布，年草地 NPP 值一般大于 300 g C/（m^2・a）；另外，还有鄂尔多斯市西部、巴彦淖尔市东部、包头市和乌兰察布市，那里是人类占主导地位的草地恢复区。此外，低温和高降水也促进了该地区的草地生长。NPP 在 50～200 g C/（m^2・a）主要分布在鄂尔多斯市、锡林郭勒盟西部，鄂尔多斯市和锡林郭勒盟中部，气温较高，降水量较少，锡林郭勒盟西部为人类主导的严重草原退化区。多年平均 NPP 值低于 50 g C/（m^2・a）的像元零星分布在巴彦淖尔市西部和阿拉善盟东部，占荒漠草原面积的 5.54%。

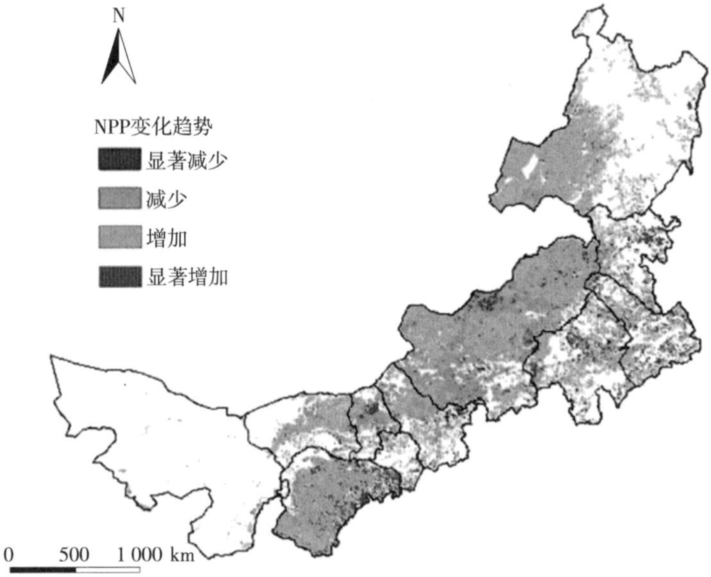

图 4-47　内蒙古草原 NPP 空间分布

总体来看，平均 NPP 值超过 300 g C/（m^2 · a），包括兴安盟、赤峰市、通辽市、呼伦贝尔市、呼和浩特市、乌兰察布市、包头市、锡林郭勒盟。其中兴安盟的 NPP 值最高，达到 407.77 g C/（m^2 · a）。平均 NPP 值最低的城市是乌海市，只有 163.43 g C/（m^2 · a）。就草地面积而言，锡林郭勒盟的草地面积最高，占内蒙古总草地面积的 33.91%，但平均 NPP 值排名仅为第 8 位（从高到低）。分析原因可能是锡林郭勒盟西南部的草地严重退化，影响了草地的生产力。从 NPP 值波动分布的角度来看，内蒙古大多数地区的波动在 25～75 g C/（m^2 · a）。波动较大的区域主要分布在锡林郭勒盟以西、鄂尔多斯市东西部、呼伦贝尔市以西，标准差均在 75 g C/（m^2 · a）。在不同的城市中，鄂尔多斯市草原 NPP 值的分散程度更大，标准偏差为 24.50 g C/（m^2 · a）。总体而言，内蒙古草原的 NPP 值主要集中在 200～400 g C/（m^2 · a），占草原总面积的 80.47%。一小部分区域草地的 NPP 值为 400～450 g C/（m^2 · a），仅占 7.36%（图 4-48）。

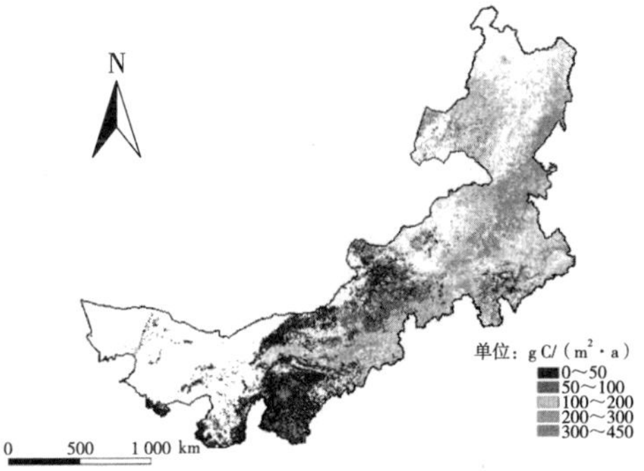

（a）1981年内蒙古草原NPP值

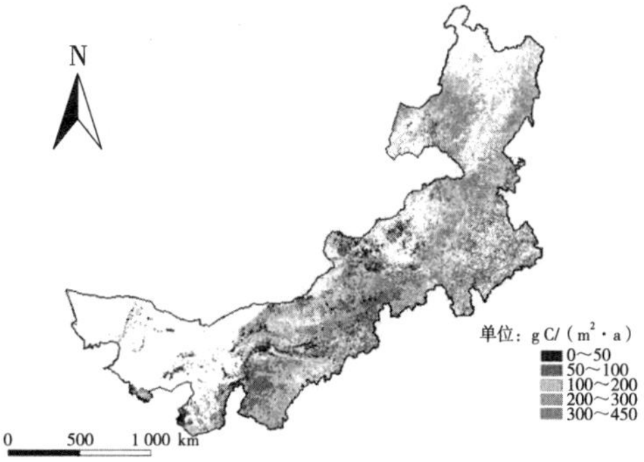

（b）1985年内蒙古草原NPP值

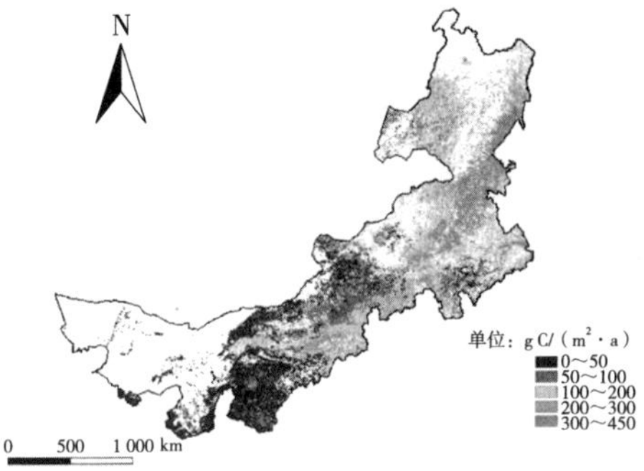

（c）1990年内蒙古草原NPP值

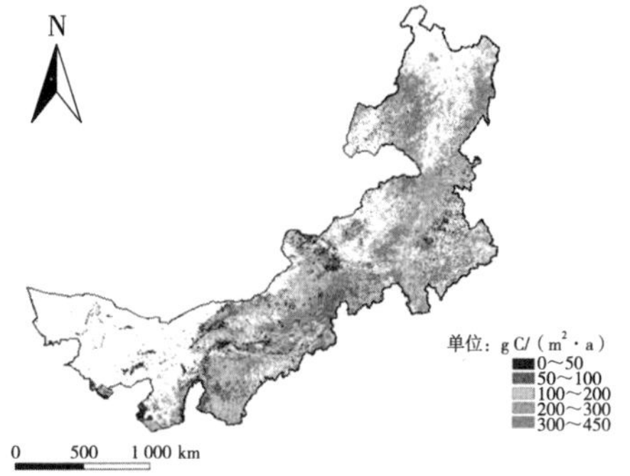

（d）1995年内蒙古草原NPP值

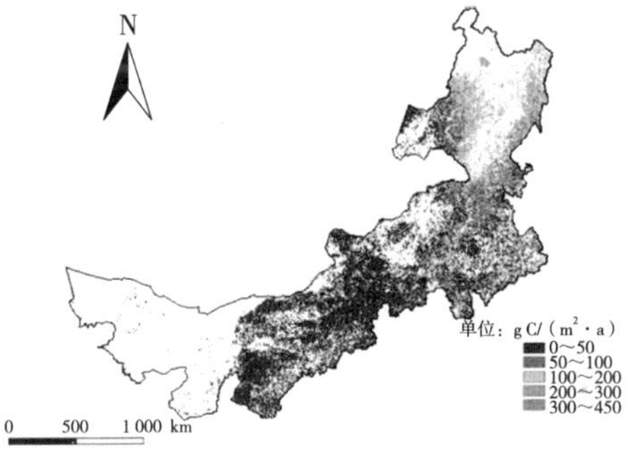

（e）2000年内蒙古草原NPP值

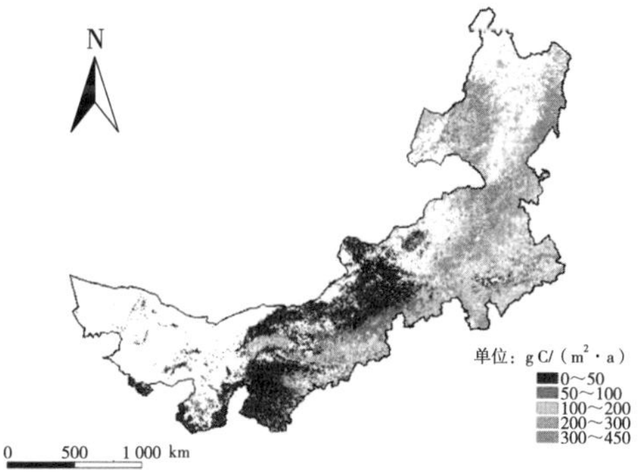

（f）2005年内蒙古草原NPP值

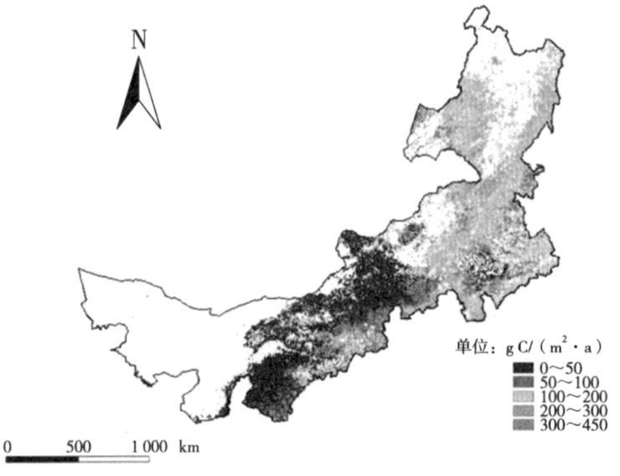

（g）2010年内蒙古草原NPP值

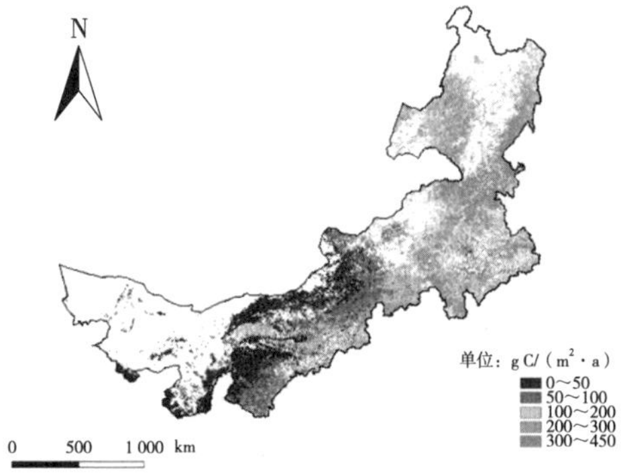

（h）2015年内蒙古草原NPP值

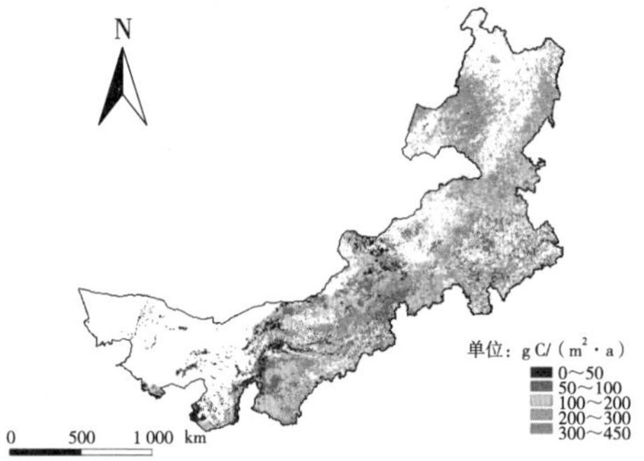

（i）2020年内蒙古草原NPP值

图 4-48 1981—2020 年气候变化背景下内蒙古草原 NPP 值变化趋势

从年际空间变化来看，额尔古纳市—陈巴尔虎旗—新巴尔虎左旗一带、锡林郭勒盟的西乌珠穆沁旗与锡林浩特市南部地区以及赤峰市大部分地区等草原 NPP 值 1980—1990 年增加明显，增加幅度在 0～10%，部分地区可达 10%～20%，而同时段内，大部分草原（约 69.65%）NPP 值呈下降趋势，尤其在巴彦淖尔市、包头市及乌兰察布市的荒漠草原区，降幅达 10%～20%。

与其他模型的研究结果相比，1981—2020 年内蒙古草原 NPP 值模拟结果的均值与周广胜等关于内蒙古草原 NPP 值的研究结果在数值与分布上较一致（表 4-9）。1981—2010 年内蒙古草原 NPP 值平均约为 301.65 g C/（m^2・a），略高于穆少杰等、戴尔阜等利用光能利用率模型估算的 2001—2010 年、2001—2012 年内蒙古草地生长季 NPP 值的结果［281.3 g C/（m^2・a）和 278.83 g C/

（m^2 · a）]；但低于杨晗等（2019）通过 CASA 模型估算的 2001—2016 年内蒙古草地生长季 NPP 值的结果［343.46 g C/（m^2 · a）]。

表 4-9　模拟年均净初级生产力结果比较

研究地点	研究时段 / 年	模型	净初级生产力 NPP/［g C/（m^2 · a）]
内蒙古草原	1981—2020	CASA	301.65
内蒙古草原	1982—2002	CASA	290.2
内蒙古草原	2002	CASA	259
内蒙古草原	2001—2010	CASA	281.3
内蒙古草原	2001—2012	CASA	278.83
内蒙古草原	2001— 2016	CASA	343. 46

4.4.2.2　植被 NPP 的时间序列趋势及变化特征

从时间序列来看，年际波动较大（图 4-49）。具体而言，1981—1990 年内蒙古草原的 NPP 值显著增加，1991—2000 年，内蒙古草原的 NPP 值显著降低，2001—2020 年内蒙古草原的 NPP 值显著升高。草甸草原 NPP 平均值最大，为 383.23 g C/（m^2 · a），变化范围在 343.90～450 g C/（m^2 · a）；典型草原与荒漠草原 NPP 值较小，多年平均值分别为 251.22 g C/（m^2 · a）和 65.03 g C/（m^2 · a），变化范围分别为 224.08～278.03 g C/（m^2 · a）和 23.73～93.87 g C/（m^2 · a）。2000—2020 年内蒙古草原 NPP 值呈显著增加趋势，其中草甸草原 NPP 值在波动中增加速率最大，为 2.94 g C/（m^2 · a），NPP 值变化主要受降水影响，在丰水年份，草甸草原的 NPP 值会突然增加，而在缺水年份，NPP 值会急剧下降。其次是典型草原，比率为 1.11 g C/（m^2 · a），荒漠草原最小，仅为 0.73 g C/（m^2 · a），草原全区增加趋势约为 1.17 g C/（m^2 · a）。

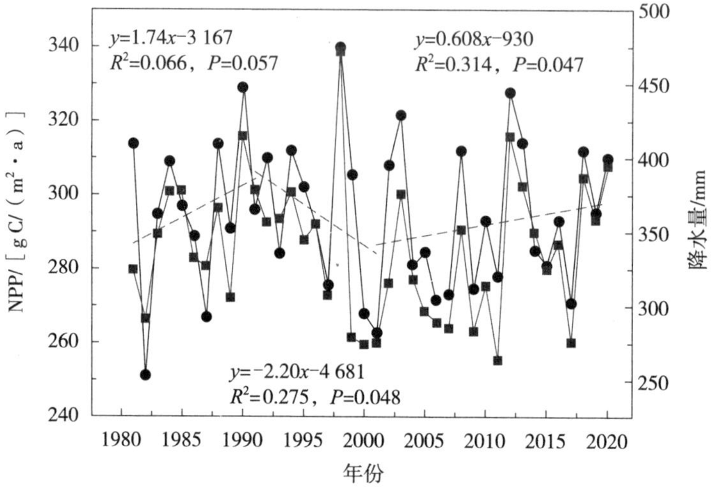

图 4-49　内蒙古草地 NPP 值时间变化

从年际来看，1980 年、1990 年、2000 年和 2010 年内蒙古全区草原 NPP 值分别为 338.64 g C/（m^2·a）、364.95 g C/（m^2·a）、317.57 g C/（m^2·a），341.19 g C/（m^2·a），其中 1990 年 NPP 值最高，2000 年 NPP 值下降幅度为 13%。不同草原类型中，NPP 年际变化趋势与全区一致（表 4-10）。2001—2020 年，内蒙古草原在大部分地区表现出正的年度 NPP 值趋势，增长草原面积占总草原面积的 56.92%，其中 10.68% 表现出显著增长。但约 43.08% 的地区呈下降趋势，平均下降值为 0.75 g C/（m^2·a），其中仅 2.86% 显著下降，主要分布在锡林郭勒盟中部、包头市和乌兰察布市的少数地区。

表 4-10　1981—2020 年内蒙古草原年际 NPP 值变化特征

草原类型	平均值［g C/（m^2·a）］/ 变化幅度 /%			
	1980 年	1990 年	2000 年	2010 年
草甸草原	382.74	411.00/7.6	375.96/−8.5	399.9/6.4
典型草原	238.29	254.51/6.7	240.86/−5.5	258.28/7.5
荒漠草原	81.2	88.52/9.2	77.35/−12.5	87.1/13.1
全区	338.64	364.95/7.9	317.57/−13.0	341.19/7.5

2000 年以后 NPP 值增长迅速的原因是气候和人类活动。气候变化的影响主要表现为降水和太阳辐射的波动增长，以及相对稳定的温度、微弱的蒸散量和增加的水分与辐射，这是促进 NPP 增长的原因。在某些年份（如 2000 年、2005 年、2007 年）发生了干旱，导致 NPP 值减少。人为因素的影响主要是放牧和草原保护政策的实施。自 2000 年以来，内蒙古自治区政府实施了退牧还草和圈地转移战略，在草原恢复和促进 NPP 增长方面发挥了积极作用。内蒙古年鉴显示，牲畜的增长，也不利于草地的恢复和 NPP 值的增长。

1981—2020 年，内蒙古草原 NPP 值极显著增加和显著增加的面积分别占草原总面积的 11.76% 和 18.92%，极显著减少和显著减少的面积分别占草原总面积的 4.26% 和 8.08%，不显著增加和不显著减少的面积分别占草原总面积的 41.66% 和 31.34%。

（1）草甸草原：NPP 值极显著增加和显著增加的面积分别占其总面积的 7.84% 和 12.74%，主要分布于鄂尔多斯市、锡林郭勒盟的东乌珠穆沁旗、通辽市的北部、兴安盟的东部、呼伦贝尔市的东部；NPP 值极显著减少和显著减少的面积分别占草甸草原总面积的 6.90% 和 13.29%，主要分布于赤峰市的西部、通辽市的扎鲁特旗、兴安盟的科尔沁右翼中旗、呼伦贝尔市的东部；剩余 73.96% 草甸草原地区变化不显著。

（2）典型草原：NPP 值极显著增加和显著增加的面积分别占典型草原总面积的 15.19% 和 23.10%，集中在鄂尔多斯市的北部、锡林郭勒盟的北部、通辽市的南部、呼伦贝尔市的东部；NPP 值极显著减少和显著减少的面积分别占典型草原总面积的 3.97% 和 6.85%，集中在锡林郭勒盟的西乌珠穆沁旗、赤峰市的西部、通辽市的扎鲁特旗、兴安盟的科尔沁右翼中旗；剩余 70.05% 典型草原 NPP 值变化不显著。

（3）荒漠草原：NPP 值极显著增加和显著增加的面积分别占荒漠草原总面积的 7.92% 和 16.76%，集中于鄂尔多斯市的西南部、巴彦淖尔市的北部、锡林郭勒盟的苏尼特左旗；NPP 值极显著减少和显著减少的面积分别占荒漠草原总面积的 0.42% 和 2.52%，主要分布在锡林郭勒盟的苏尼特左旗和苏尼特右旗；剩余 80.72% 荒漠草原地区 NPP 变化不显著。

曹立国等（2011）基于内蒙古锡林郭勒盟 1958—2008 年逐月气温、降水资料，利用 Miami 模型和 Thornthwaite 模型，分析该地区草地生产力对气候变化的影响，并分别建立气温、降水量与气候生产潜力之间的线性回归模型，预测所研究草地的未来变化趋势。研究表明，锡林郭勒盟年平均气温呈显著上升趋势，降水呈下降趋势，气候总体趋暖干化。在气候变化背景下，草地的季节生产潜力呈不同程度的减少趋势，其中水分条件是草地气候生产力的主要限制因素，降水量与草地生产潜力显著相关。郭灵辉等利用空间化的CENTURY生物过程模型研究了近30年内蒙古草地净初级生产力的时空演变规律，结果发现内蒙古草地NPP值大部分呈下降趋势但并不显著，温度升高导致草地NPP值下降，但作用程度较小，总体上区域降水减少是NPP值下降的主要因素。

CASA模型揭示，2000—2017年内蒙古荒漠草原多年平均NPP值为104.71 g C/（m^2·a），呈自东向西逐渐降低的区域性差异。在研究时段内，研究区春季（3—5月）和夏季（6—8月）NPP呈增加趋势，秋季（9—11月）NPP值呈减少趋势，全区植被NPP值的年际变化表现为不显著的波动增加趋势。生长季降水量的变化是影响植被NPP值的主要因素，春夏两季的降水量增加有利于内蒙古荒漠草原植被NPP值的累积。

穆少杰等通过改进的光能利用率模型（CASA模型），利用MODIS NDVI数据、土地覆盖分类数据、气象数据等，逐像元模拟2001—2010年内蒙古草地生态系统NPP值的时空变化，分析其对气候因子变化的响应关系。研究发现，总体来看降水量是影响内蒙古草地净初级生产力的主要因素。草甸草原NPP值与降水量、温度都关系密切，且与温度更相关；典型草原和荒漠草原NPP值主要受降水量影响，其中荒漠草原NPP值与降水量更相关。张存厚等利用内蒙古呼伦贝尔草原额尔古纳右旗牧业气象试验站1994—2009年牧草生长季逐月实测资料，对CENTURY模型进行检验，模拟了呼伦贝尔草甸草原1961—2010年地上净初级生产力（ANPP）动态，并与26个气象因子进行相关性分析，发现呼伦贝尔草甸草原温度增加，降水略增，ANPP增加。ANPP与降水量、气温、年平均风速显著相关，与其他气象因子无显著的相关关系。在SRES B2、A2、A1B情景下，未来气候变化均会对呼伦贝尔草甸草原群落生产力产生显著的正面影响。滑永春等以1982—2015年内蒙古草原为研究对象，基于GIMMS NDVI 3g、ERA5气象和草原类型数据，采用CASA模型生成年草原NPP值，定量确定了气候因子对草原动态变化的影响程度。结果表明，草原 NPP 值增加面积大于减少的面积，草原处于恢复状态。内蒙古草原 92.87% 的区域 NPP 值与气候因子之间表现出很好的相关性，气候变化对 3 种草原类型的影响程度为荒漠草原＞典型草原＞草甸草原。

4.4.3　草地净第一性生产力变化的驱动力分析

为了研究气候因素在年度和季节尺度上对 NPP 值变化的驱动力，我们在 1981—2020 年对内蒙古的 NPP 序列和环境变化（平均温度、降水量）进行了偏相关分析。

4.4.3.1　草地净第一性生产力和温度之间的关系

1981—2020 年内蒙古草原年 NPP 值与年平均气温在年际波动上也有一定的规律性，但规律性不显著（图 4-50）。年 NPP 值与年平均气温正相关的区域占研究区总面积的 52.66%，主要分布于除呼伦贝尔市东部、锡林郭勒盟东北部以外的地区。草原年 NPP 值与年平均气温偏相关性通过显著性检验（$P<0.1$）的区域占总面积的 18.36%，其中，草甸草原显著相关（$P<0.1$）面积占其面积的 13.25%，典型草原显著相关（$P<0.1$）所占比例为 19.86%，荒漠草原显著相关（$P<0.1$）所占比例为 31.28%。气温对 3 种草原类型 NPP 值的影响程度为荒漠草原＞典型草原＞草甸草原。

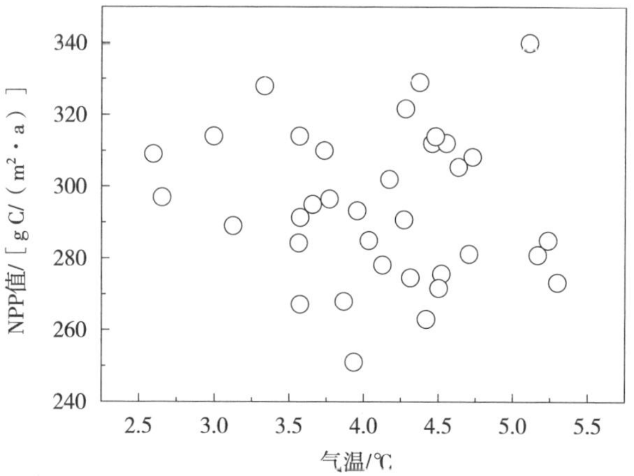

图 4-50　内蒙古草地气温和 NPP 值的相关性分析

将1981—2020年每5年间隔的NPP栅格图层与降水、温度及辐射栅格图层做相关分析。NPP值与降水及辐射呈正相关，与气温呈负相关，且与降水的相关性明显高于与气温及辐射的相关性（表4-11）。

表4-11　1981—2020年内蒙古NPP值与降水、温度和辐射的相关分析

相关系数＼年份	1981	1985	1990	1995	2000	2005	2010	2015	2020
NPP与降水	0.722	0.848	0.725	0.898	0.810	0.603	0.758	0.730	0.848
NPP与辐射	0.666	0.513	0.353	0.515	0.429	0.252	0.457	0.376	0.615
NPP与气温	-0.441	-0.379	-0.313	-0.298	-0.177	-0.398	-0.257	-0.026	-0.258

4.4.3.2　草地净第一性生产力和降水之间的关系

1981—2020年，草地NPP值与降水量之间的正相关关系占草地总面积的82.93%，这表明无论人类放牧的影响如何，降水量都是NPP值增长的主要因素。草地NPP值与降水量显著正相关的区域比例为23.07%，主要分布在鄂尔多斯市东部、锡林郭勒盟东北部和呼伦贝尔市西部。这些地区主要分布有温带草甸草原和对水分敏感的温带典型草原。水分的增加可以极大地促进草甸草原和典型草原的生长发育，提高草地的NPP值。

内蒙古草原年NPP值和年降水量在年际变化趋势上高度一致，表明年降水量深刻影响着草原年NPP值的变化。除呼伦贝尔市的东部、南部、北部，锡林郭勒盟的东乌珠穆沁旗东部，兴安盟的科尔沁右翼前旗以及鄂尔多斯市的准格尔旗，其余96.24%草原年NPP值与年降水量均呈正相关。当偏相关显著性水平为0.1时，草原年NPP值与年降水量显著相关所占比例为88.33%，其中，草甸草原、典型草原和荒漠草原分别占72.83%、93.90%和98.66%。由此可见，降水对3种草原类型NPP值的影响为荒漠草原＞典型草原＞草甸草原，越往西北干旱地区降水对草原NPP值的影响越大（图4-51和图4-52）。

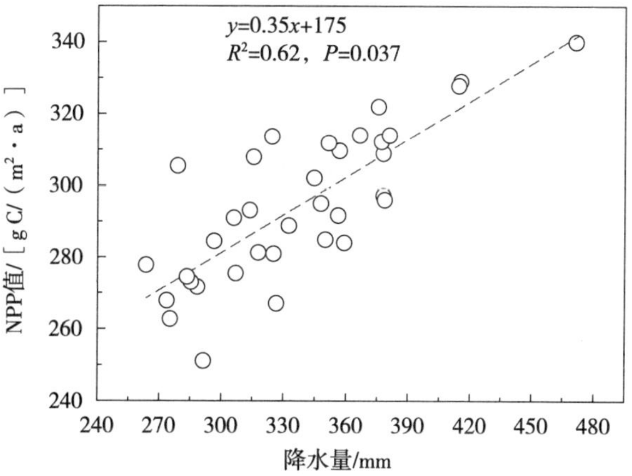

图 4-51　NPP 值和降水的相关性分析

区域降水可能是 1981—2010 年内蒙古草地 NPP 值下降的主要影响因素，相对贡献约为 78%，但不同草地类型草地 NPP 值变化对温度和降水的敏感性程度存在差异。从草甸草原到典型草原草地 NPP 值对于降水的敏感性升高，荒漠草原介于两者之间，但荒漠草原 NPP 值对温度的敏感性最高。内蒙古草地主要分布于干旱、半干旱气候区，生长期温度高，降水少，水分亏缺严重，降水是该区植被生长的关键限制因子，草地 NPP 值的时空变化主要受降水控制。然而，内蒙古草地跨度较大，水热梯度明显，不同草地类型对降水、温度或水热组合的响应特征差异明显，从草甸草原过渡到典型草原、荒漠草原，生境水分亏缺状况、植物水分利用效率、干旱适应策略等异质性较强，降水与草地植被生长之间的正相关关系为先增强后减弱，而随着温度升高，温度诱发水分胁迫增强、降低光合与改变呼吸作用、抑制作物生长，温度与草地植被生长的关系逐渐趋于负相关且不断加强。另外，1981—2010 年内蒙古草地区气候变化异质性较大，3 种草原类型降水减少趋势减弱，温度升高趋势加强。生境条件变化特征与草地植被响应策略差异可能是造成草地 NPP 值对气候因子的敏感性分异的原因。

显著性检验（$P<0.1$）的面积占总面积的 92.87%，主要分布在除呼伦贝尔市的东部、南部、北部，锡林郭勒盟的东乌珠穆沁旗东部，兴安盟的科尔沁右翼前旗以外的其他草原地区。其中，草甸草原显著复相关（$P<0.1$）面

积占比为 80.16%，典型草原显著复相关（$P<0.1$）面积占比为 98.00%，荒漠草原显著复相关（$P<0.1$）面积占比为 99.58%。这说明降水、气温复合效应对三种草原类型 NPP 值的影响为荒漠草原＞典型草原＞草甸草原。而研究区草原年 NPP 值与年降水量、年平均气温的显著偏相关（$P<0.1$）区域面积占比分别为 88.33% 和 19.68%，说明研究区年降水量和年平均气温有很强的相关性，两者的复合作用对草原 NPP 值有很大影响（图 4-52）。

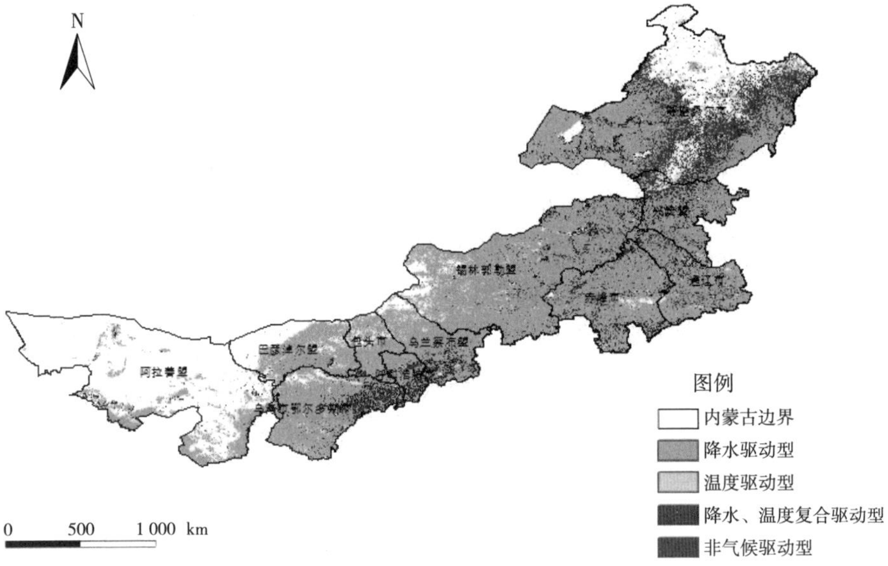

图 4-52　内蒙古气候草地 NPP 值变化驱动力分布

总之，2000—2020 年，NPP 值在时间序列上呈上升趋势，增量为 0.87 g C/（$m^2 \cdot a$），呈东北高西南低的空间趋势，该研究与表 4-12 中多数研究结果一致。这种时空异质性主要由降水引起，其次是太阳辐射，温度的影响最小。对于草原 NPP 值对气候因子的影响，不同草原类型有不同的反馈。上述结果对于了解内蒙古草原的时空特征和定向调整草原保护战略具有重要意义。

表 4-12　内蒙古草原 NPP 变化趋势

研究时段 / 年	研究区域	变化趋势	数据来源与方法
1982—1999	温性草原	增加	GIMMS NDVI
1982—1999	全区草原	上升	NOAA NDVI
1982—2000	全区	轻微上升	GIMMS NDVI
1982—2002	典型草原	增加	CASA
1982—2003	IMGERS	没有增加	ANPP/MAB
1982—2006	北方草原	增加	NDVI/MAB
1982—2006	全区	中西部上升 / 东部下降	GIMMS NDVI
1982—2006	全区	轻微增加	NOAA/AVHRR-NDVI
1982—2006	锡林郭勒盟	轻微下降	NDVI
1982—2011	全区	增加	GIMMS /MODIS NDVI
1982—2011	全区	增加	GIMMS NDVI3g
1982—2011	蒙古高原	波动性特征	GIMMS NDVI3g
1982—2010	蒙古高原	阶段性特征	GIMMS /MODIS NDVI
2000—2012	全区	15.38% 区域增加 1.64% 区域下降	MODI3A2
1992—2004	全区	增加	IGBP DISCOVER
2000—2008	内蒙古草原	增加	MODIS NDVI
2001—2010	全区	上升	MODIS NDVI

4.4.4　气候变化对内蒙古草地净生态系统生产力 NEP 的影响

4.4.4.1　NEP 时空分布格局

净生态系统初级生产力（NEP）能够定量分析草地的碳源 / 碳汇情况，其中 NEP 表示生态系统中的固碳量，是表征生态系统碳收支的重要指标，因此通过模拟 NEP 可以表征区域的固碳潜力。

分析 1981—2020 年内蒙古草地生态系统 NEP 时空变化格局（图 4-53），和 NPP 变化趋势较为一致，总体呈由东至西依次递减的空间分布格局。碳汇区

（NEP＞0）面积约占草地总面积的 60.28%，平均年固碳量为 182 g C/m^2，固碳总量约为 0.057 25 Pg C/a。碳源区（NEP＜0）面积约占 39.72%，平均碳排放量为 55.02 g C/m^2，整个研究区碳释放总量为 0.011 42 Pg C/a；整个内蒙古草地生态系统净碳汇为 0.046 Pg C/a。

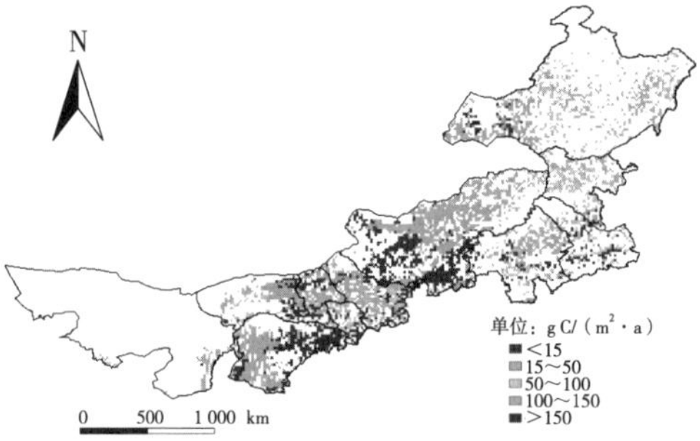

（a）1980年内蒙古草地NEP

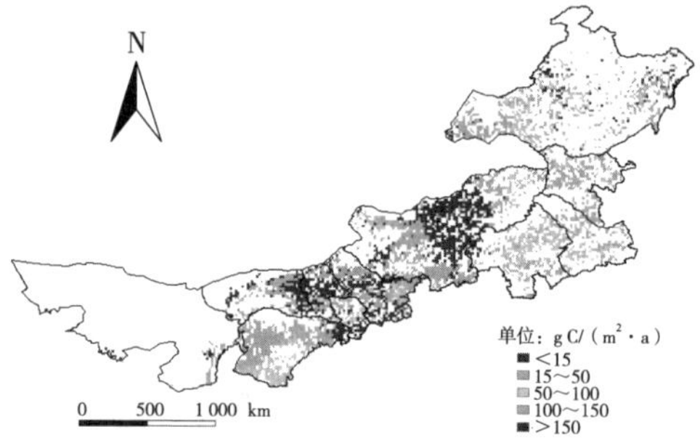

（b）1985年内蒙古草地NEP

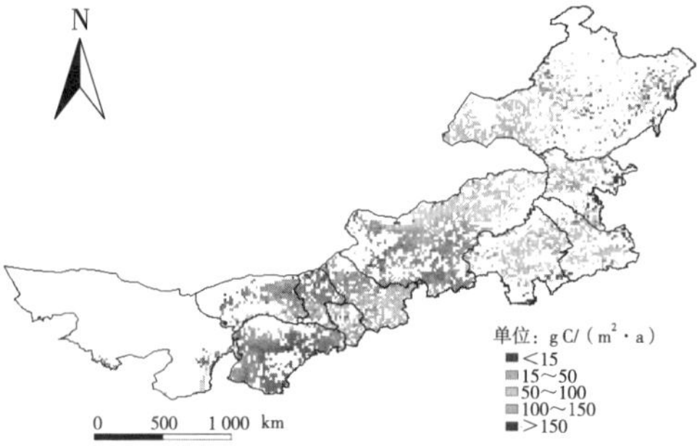

（c）1990年内蒙古草地NEP

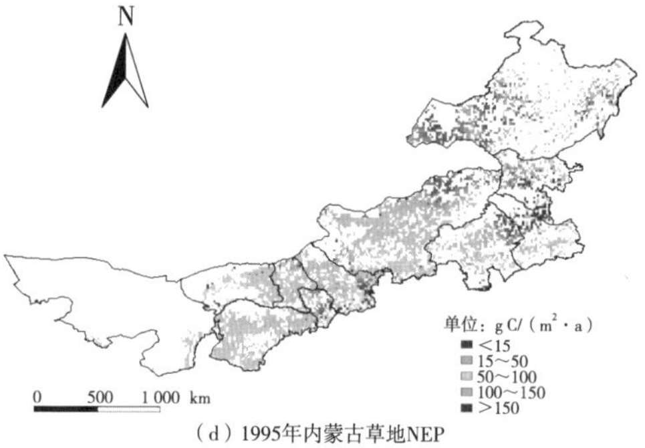

（d）1995年内蒙古草地NEP

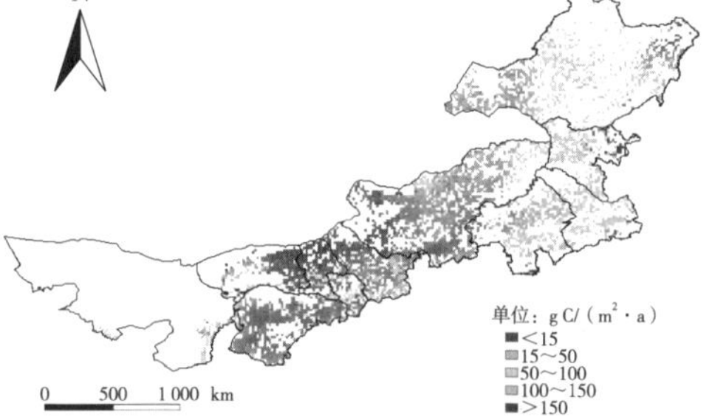

（e）2000年内蒙古草地NEP

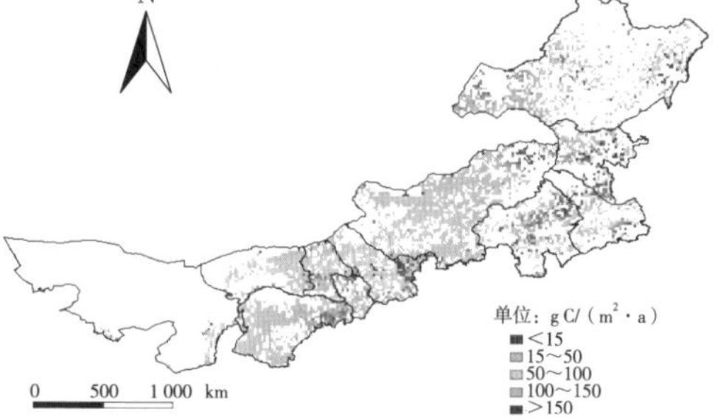

（f）2005年内蒙古草地NEP

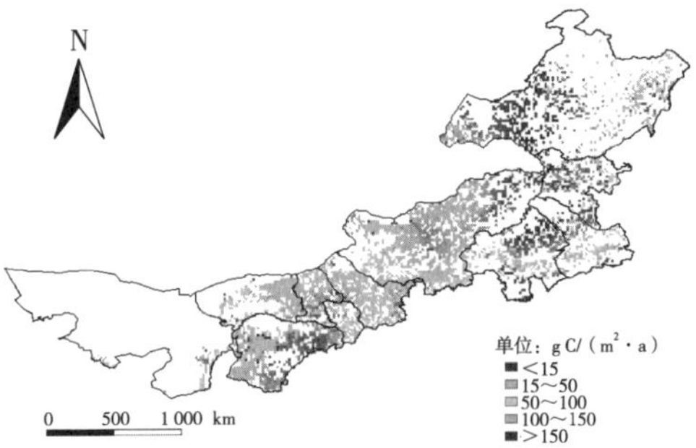

（g）2010年内蒙古草地NEP

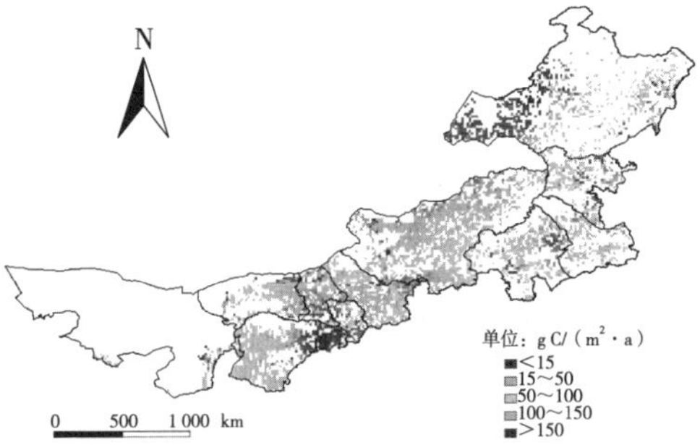

（h）2015年内蒙古草地NEP

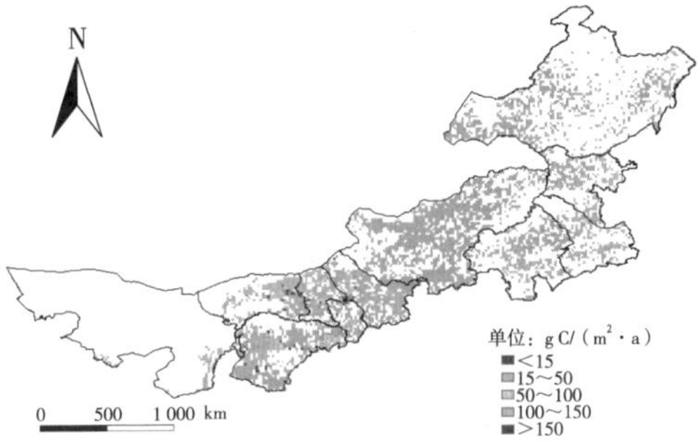

（i）2020年内蒙古草地NEP

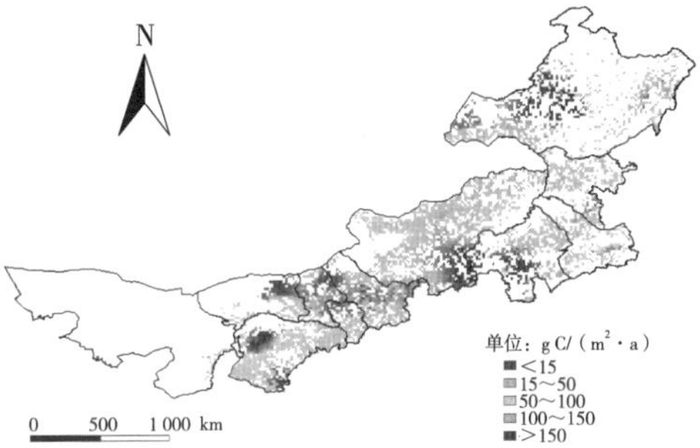

（j）2030年内蒙古草地NEP

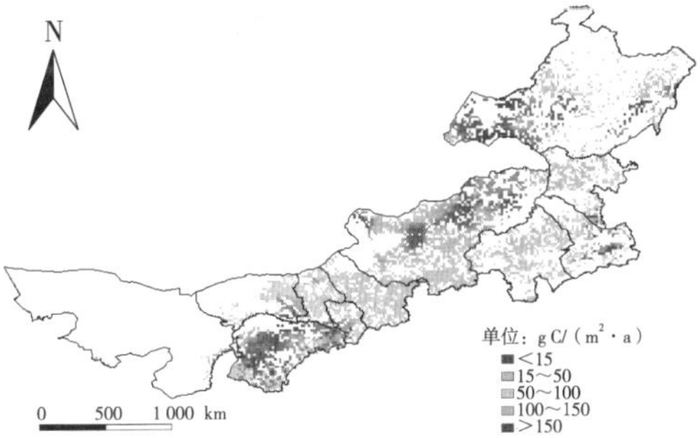

（k）2040年内蒙古草地NEP

图 4-53　内蒙古草地 NEP 时空分异规律

1981—1990年内蒙古大部分地区NEP呈增长趋势，1991—2020年大部分地区NEP呈现降低趋势，2001—2020年其时空变化格局与NPP的时空变化格局较一致，平均增长率约为2.16 g C/（m^2·a），略低于NPP的增长率。说明草地NPP的增加可以在一定程度上增加草地碳汇，起到固碳的作用。研究区NEP呈增长趋势的草地面积为36.9万km^2，占总草地面积的70.8%。其中有43.23%的草地NEP增长率为0～5 g C/（m^2·a），21.05%的草地NEP增长率为5～10 g C/（m^2·a），5.69%的草地NEP增长率为10～15 g C/（m^2·a），仅有0.83%的草地NEP增长率在15 g C/（m^2·a）以上。研究区NEP呈减少趋势的草地面积为8.55万km^2，占总草地面积的29.2%，高于NPP呈减少趋势的草地面积，其中有27.65%的草地NEP减少率为0～10 g C/（m^2·a），仅有1.55%的草地NEP减少率在10 g C/（m^2·a）以上。在这个时期，内蒙古大部分地区草地NEP均呈增长趋势，但增长率大小并不一致。其中NEP增长最多的地区同样集中在东北部呼伦贝尔平原草原区和大兴安岭北段西侧草原区，平均增长率分别为6.62 g C/（m^2·a）和3.67 g C/（m^2·a）；中西部地区的平均增长率次之，依次为3.66 g C/（m^2·a）、3.25 g C/（m^2·a）、0.44 g C/（m^2·a）。NEP减少趋势较为明显的地区主要集中在东南部大兴安岭南端草原区、松辽平原中部草原区和西辽河平原草原区，平均减少率分别为3.14 g C/（m^2·a）、2.84 g C/（m^2·a）和1.85 g C/（m^2·a）。

NEP总体呈由东至西依次递减的空间分布格局。研究区NPP平均值为278.83 g C/m^2。碳汇区（NEP＞0）面积约占草地总面积的60.28%，平均累积固碳量为2 186.47 g C/m^2，固碳总量约为0.687 Pg C。碳源区（NEP＜0）面积约占39.72%，平均碳排放量为660.32 g C/m^2，整个研究区碳释放总量为0.137 Pg C；整个内蒙古草地生态系统净碳汇总量达到0.55 Pg C，年固碳率为0.046 Pg C。从时间序列来看，2001—2012年内蒙古草地生态系统的NPP与NEP均呈增长趋势。整个研究区NPP平均值在200～350 g C/m^2波动，年增长率为3.781 g C/m^2；NEP平均值在50～150 g C/m^2波动，年增长率为2.104 g C/m^2。时间序列上NPP与NEP变化趋势并不完全同步。

4.4.4.2 模型验证和不确定性分析

利用NPP估算模型对内蒙古草原NPP进行模拟，与2015—2020年内蒙古草原现场实测值对比，估算结果与同期实测地上生物量间呈显著相关关系，拟合回归曲线显著（$P<0.01$）（图 4-54）。

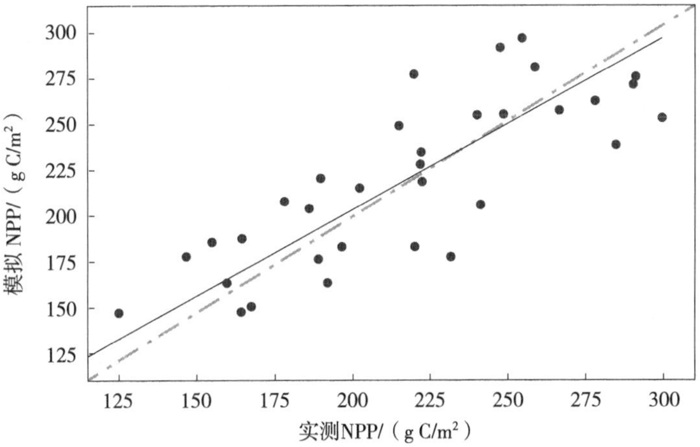

图 4-54　内蒙古草原 NPP 实际监测值和模拟值之间的关系

回归方程和 $y=x$ 之间比较接近，说明 CASA 模型可以很好地模拟内蒙古草原 NPP。

本书关于内蒙古草原 NEP 研究结果与陶波等采用 CEVSA 模型的研究结果数值范围较为相近，空间格局较为一致。但关于 NEP 的估算结果仍存在很大的不确定性，主要是由于 NPP 及土壤呼吸估算的不确定性。NPP 模拟值与实测值虽然有着较强的相关性，但模拟结果仍有一些离散，原因可能有以下几点：

（1）卫星反演的 NPP 代表了 1 km × 1 km 像元上的平均状态，而实际观测的取样是 1 m^2；

（2）牧草的种类很多，实际取样有时只代表有限区域的物种，而卫星观测的区域代表一个混合像元，这种地表的非均一性在卫星资料应用中是很难克服的；

（3）NPP 包括了地下生物量的累积，对于不同的作物，地上生物量和地下生物量并不存在简单的线性关系。

NPP 估算的不确定性可随数据精度、模型参数调整及实测值验证的方法进一步改善，而土壤呼吸是一个极其复杂的过程，本书虽采用 Bond Lamberty 和 Thomson 等用 1 000 多组样本建立的土壤呼吸作用模型，但这些数据很多都不是以年为尺度的，很多研究主要按照生长季节土壤呼吸量外推的方法用于获取一年的数据，结果误差较大，以上方法限制了对土壤呼吸量准确的估计，进而使得 NEP 的估算结果存在一定的不确定性。总之，NEP 估算结果存在很大的不确定性，主要归因于 NPP 估算的不确定性及土壤呼吸估算的不确定性。土壤呼吸是一个非常复杂的生态学过程，很难准确估算。当前全球和全国范围内，每年的土壤呼吸观测仍较少。

本书仅分析了 NPP 与温度、降水的相关性，并未探讨与土壤异养呼吸等的关系。影响 NPP、NEP 时空变化格局的不仅有温度、降水这两个气象因子，还包括太阳辐射、蒸发量、大气中 CO_2 浓度等自然因子及放牧、围栏等因子。

4.4.5 气候变化对内蒙古草地土壤碳汇的影响

4.4.5.1 内蒙古草原土壤碳汇潜力

内蒙古草甸草原、典型草原和荒漠草原的土壤有机质分别是 1.5%、1.19% 和 0.71%；土壤的容重分别是 1.18 g/cm^3、1.31 g/cm^3 和 1.46 g/cm^3；土壤碳密度分别是 1.31 kg C/m^2、1.27 kg C/m^2 和 0.16 kg C/m^2（表 4-13）。

表 4-13　草地土壤碳密度

草地类型	有机质 /%	容重 /（g/cm^3）	碳密度 /（kg C/m^2）
草甸草原	1.5	1.18	1.31
典型草原	1.19	1.31	1.27
荒漠草原	0.71	1.46	0.16

Yang（2010）在 2001—2005 年对中国草原连续进行了 5 次区域土壤调查，并从中国北方草原 327 个地点采集了 981 个土壤剖面。然后，使用这些实际测量结果估算了中国北方草原的 SOC 存量，并调查了 SOCD 和环境因素之间的关系。将测量的结果与 20 世纪 80 年代中国全国土壤清查的 275 个土壤剖面数据进行比较，进一步研究了土壤有机碳储量的变化。主要做了以下工作：

（1）评估了北方草原 SOC 存量的现状；

（2）分析环境因素对中国北方草原 SOCD 的影响；

（3）研究了中国北方草原的 SOC 动态。

内蒙古草原从西南到东北土壤碳密度呈上升趋势。0～30 cm 土壤碳密度从荒漠草原 2.46 kg C/m^2 到典型草原 4.08 kg C/m^2，再到草甸草原 6.97 kg C/m^2。土壤有机碳储量分别是 0.24 Pg C（荒漠草原）、1.17 Pg C（典型草原）和 0.41 Pg C（草甸草原）。而对于 0～100 cm 的土壤，土壤有机碳储量分别是 0.36 Pg C（荒漠草原）、1.82 Pg C（典型草原）和 0.74 Pg C（草甸草原）。

4.4.5.2　土壤碳汇潜力的变化

20 世纪 80 年代和 21 世纪初 174 个地点的平均 SOCD 估计分别为 5.40 kg C/m^2 和 5.48 kg C/m^2，95% 置信区间分别为 4.94～5.89 kg C/m^2 和 4.93～6.07 kg C/m^2。过去 20 年的有机碳变化量为 0.08 kg C/m^2，95% 置信区间为 0.30～0.46 kg C/m^2。因此，通过现场级比较，无法检测到 6% 损失和 9% 增益之间的 SOC 动态。在两个采样周期内，横断面的平均 SOCD 分别为 5.08 kg C/m^2 和 5.18 kg C/m^2，95% 置信区间分别为 4.44～5.79 kg C/m^2 和 4.42～6.03 kg C/m^2（表 4-14）。同样，两个时期的 SOCD 显示出密切的相关性（R^2=0.83，P<0.001），没有显著差异。在过去 20 年中，SOC 变化估计为 0.10 kg C/m^2，95% 置信区间为 0.22～0.44 kg C/m^2。因此，通过横断面规模比较，无法检测到 4% 损失和 9% 增加之间的 SOC 动态。

表 4-14　2001—2005 年内蒙古土壤剖面有机碳储量

草原类型	面积 /10^4 km^2	平均值			
		0～30 cm		0～100 cm	
		土壤有机碳密度 /（kg C/m^2）	土壤有机碳储量 /Pg C	土壤有机碳密度 /（kg C/m^2）	土壤有机碳储量 /Pg C
荒漠草原	9.59	2.46	0.24	3.74	0.36
典型草原	28.65	4.08	1.17	6.36	1.82
草甸草原	5.83	6.97	0.41	12.69	0.74
总计	44.07	13.51	1.82	22.79	2.92

Mi 等搜集了中国不同降水范围（0～200 mm、200～400 mm、400～500 mm、500～800 mm、800～1 600 mm 和>1 600 mm）内的 SOCD。考虑到其没有评估各种蔬菜类型的 SOCD，我们将本研究的估计值与 200～400 mm、400～500 mm 和 500～800 mm 降水范围内的估计值进行了粗略比较，因为中国北方的草原主要分布在 200～800 mm 降水范围内。根据他们的评估，在 200～400 mm、400～500 mm 和 500～800 mm 的降水范围内，顶部 1 m 的 SOCD 估计分别为 9.1 kg C/m^2、14.4 kg C/m^2 和 16.4 kg C/m^2，大于本研究中观察到的 8.5 kg C/m^2。在一定的降水范围内，不同的植被类型可能会导致这种差异。例如，中国的北方森林具有较高的 SOCD，主要分布在 400～800 mm 的降水范围内。因此，Mi 等的研究将北方森林包括在内可能会导致更高的 SOC 估计值。

中国北方草原顶部 1 m 深度的土壤有机碳含量低于全球温带草原（11.7 kg C/m^2）。中国北方草原的 SOCD 较小，可能是因为与全球草地相比，其地上和地下植物产量较低。然而，中国北方草原上 1 m 深度的土壤有机碳含量高于全国平均水平（8.5 kg C/m^2 对 7.8 kg C/m^2）。总体来说，中国北方草地表层的有机碳储量约占中国土壤总碳储量的 1/3（10.5 Pg C 对 32.9 Pg C），这表明中国北方草原的土壤在中国陆地碳循环中起着重要作用。

4.4.5.3 气候变化对土壤碳汇潜力的影响

在温带草原和高山草原之间，土壤有机碳密度（SOCD）与年平均温度（MAT）的关系不同。温带草原的 SOCD 随温度的升高而显著降低，而高山草原的 SOCD 随温度的升高而略有升高。当所有数据汇集在一起时，沿温度梯度未观察到 SOCD 的显著变化。温带草原和高山草原的 SOCD 显示出与年平均降水（MAP）相似的增长趋势。因此，中国北方草原的 SOCD 随 MAP 的增加而显著增加。此外，温带草原和高山草原的 SOCD 表现出与土壤水分相似的模式。总的来说，中国北方草原的 SOCD 随着土壤湿度的增加而增加，但在土壤湿度达到 30% 时趋于稳定。

中国北方草原的 SOCD 不随温度变化而变化，可能是因为温带草原和高山草原的 SOCD 温度关系不同。温带草原的 SOCD 随温度降低可能是由于微生物分解加速或沿温度梯度的植被产量减少。然而，温度对植物生产的刺激效应可能间接诱导了阿尔松草原上出现的正相关性。在中国北方草原发现的 SOCD 与温度之间的关系与在美国大平原温带草原发现的明显不同，建议使用特定区域而非广义方程来预测土壤对气候变化的长期响应的重要性。

4.4.6　气候变化对内蒙古草地生态系统碳汇的影响

1988 年联合国政府间气候变化专门委员会（IPCC）建立以来，世界各国开展了多次气候变化国际谈判。地球陆地生态系统碳循环与温室效应问题一直是全球碳计划（GCP）、全球变化与陆地生态系统响应计划（GCTE）等一系列国际全球变化研究核心计划的焦点科学内容。联合国气候变化框架公约（UNFCCC）将温室气体“源”定义为任何向大气中释放产生温室气体、气溶胶或其前体的过程、活动或机制。温室气体“汇”为从大气中清除温室气体、气溶胶或其前体的过程、活动或机制。为了应对气候变化，增加陆地生态系统碳汇已成为各国的研究热点。近年来，大量的陆地生态系统研究所获得的结果，有力地支持了北半球中纬度地区存在陆地碳汇的结论。其中，草地在全球陆地生态系统碳循环尤其是碳汇过程中扮演着重要角色。

中国北方草原占据了全国草地面积总量约 78%，而位于干旱区和半干旱区的内蒙古草原是北方草原的典型代表，也是欧亚大陆草原的重要组成部分。同时，该区域草原位于国际地圈生物圈计划（IGBP）全球变化研究典型陆地样带，是气候变化最为敏感的区域之一。因此，研究该区域草地碳源 / 碳汇与气候因子的关系对理解全球变化的影响具有重要的科学意义。目前，大量的研究表明净初级生产力、净生态系统生产力可以很好地表征草原生态系统对气候变化的响应，是定量化分析草地生态系统碳源 / 碳汇的重要科学指标。其中 NEP 是表征一个生态系统碳收支的重要指标并广泛应用于碳循环研究中，它代表了生态系统和大气系统之间的碳交换过程，表明较大空间尺度上碳的净贮存，当 NEP＞0 时，表明该生态系统为 CO_2 之汇，反之则为源。受全球气候变化的影响，草地的 NPP 与 NEP 变化与气温和降水及植物的代谢影响直接相关，特别是在干旱、半干旱的草地分布区，草地植被生产力的变化与降水的时空分布格局更加密切。因此，研究草地生态系统碳源 / 碳汇格局与气候因子的关系，准确评估内蒙古草地生态系统碳库及其动态变化，将有助于理解全球气候变化与草地生态系统之间的反馈关系，进而实现草地资源的可持续利用。

基于卫星遥感资料、地面气象观测资料及实地采样数据，利用净初级生产力遥感估算模型估算了2001—2012年内蒙古草地生态系统净初级生产力，应用土壤呼吸模型估算了逐月平均土壤呼吸量（R_s）进而估算出内蒙古草地净生态系统生产力。分析2001—2012年草地生态系统NPP、NEP的时空变化格局及其与温度、降水的关系，揭示2001—2012年内蒙古草地生态系统的碳源/汇空间格局，对气候变化下草地生态系统的增汇减源具有重要的指导意义（表4-15）。

4.4.7 预测未来30年气候变化对草地碳汇功能的影响

基于长期气候数据、野外监测数据和模型模拟，研究了气候变化对内蒙古生态系统的影响。分析发现最近50年内蒙古草原区整体出现暖干化趋势，温度降水的时空分异大。年均温度以0.44℃/10 a的速率增温，降水量整体呈波动减少趋势。荒漠草原温度增加和降水减少将加速其退化趋势。此外，1980—2020年内蒙古地区草甸草原、典型草原和林地面积呈下降趋势，荒漠草原和沙地面积呈上升趋势。沙漠相对的平均中心向东北移动，导致草原和森林面积减少，沙漠面积增加。总体来说，气候变化对生态系统产生了强烈影响。内蒙古草地的生物量与物种丰富度和降水量呈显著正相关，降水的减少将影响草原的生物多样性。更重要的是，内蒙古草地NPP空间总体呈从东北向西南递减的趋势。整个内蒙古草地生态系统净碳汇率为0.046 Pg C/a，发挥着“碳汇”功能。水分是驱动NPP和NEP变化的主要因子，气温和NPP呈不显著负相关。

分析内蒙古未来主要气候要素、各类草地分布以及草地净第一性生产力和土壤有机碳含量的变化情况，对于未来气候变化条件下合理利用草地资源，发展少数民族地区经济有十分重要的意义。气候变化引起的内蒙古温度和降水格局的变化使得内蒙古地区气候暖干化，未来气候变化情景下内蒙古典型草原和草甸草原面积减少，荒漠草原面积增加趋势明显。总体来看，未来气候变化情景下内蒙古草地生态系统还是一个碳库。

表 4–15　气候变化对内蒙古草地生态系统碳动态的影响

位置	生态系统	年平均温度 / ℃	年平均降水 / mm	研究时期 / 年	处理	土壤呼吸
内蒙古多伦县（42°02′N，116°17′E）	半干旱，温带草原	2.1	385.5	2005—2007	（1）降水：7 月、8 月 ↑30% （2）增温	（1）↑31.6% （2）↓4.5%
内蒙古多伦县（42°27′N，116°41′E）	半干旱，温带草原	2.1	385	2006—2007	降水：↑30%	↑34%
内蒙古多伦县（42°27′N，116°41′E）	半干旱，温带草原	3.3	382	2006—2007	降水：↑30%	（1）NEE: ↑12%（2006）、↑138%（2007） （2）ER: ↑11%（2006）、↑71%（2007）
内蒙古多伦县（42°02′N，116°16′E）	半干旱，温带草原	3.3	383	2008—2009	降水：6—8 月 ↑30%	土壤呼吸： （1）↑15%（2008） （2）↑43%（2009）
内蒙古多伦县（42°02′N，116°17′E）	半干旱，温带草原	2.1	386	2005—2006	降水：7—8 月 ↑30%	（1）NEE: ↑40.4%（2006） （2）ER: ↑25.9%（2006）
内蒙古草原生态系统研究站（43°35′N，116°41′E）	温带大陆性季风气候	0.7	330	2005—2008	降水：↑95 mm	CO_2 排放量：↑47%

续表

位置	生态系统	年平均温度 / ℃	年平均降水 / mm	研究时期 / 年	处理	土壤呼吸
内蒙古多伦县（42°02′N, 116°17′E）		2.11	385.5	2005—2007	降水：↑30%	土壤呼吸：↓31.6%
内蒙古多伦县（42°02′27″N, 116°17′59″E）	半干旱气候	2.1	379.4	2005—2011	降水：↑50%	0～10cm 土壤碳浓度：↑0.4%～155.7%
内蒙古草原生态系统研究站（43°33′00″N, 116°40′20″E）	典型草原	1.1	345	2007—2008	降水：↑50%	生态系统总碳储量：↑10%
内蒙古多伦县（42°02′N, 116°17′E）	半干旱温带草原	2.1	383	2005—2009	（1）增温 （2）降水：↑50%	MBC：0～10 cm （1）↑6.7% （2）↑23.3% 10～20 cm （1）↑6.1% （2）↑18.2%
内蒙古多伦县	半干旱典型草原	3.3	399	—	降水脉冲： （1）↑5 mm （2）10 mm （3）25 mm （4）75 mm	NEE： （1）↑41.1% （2）↑98.9% （3）↑236.8% （4）↑230.5% ER：（1）↑9.8% （2）↑39% （3）↑81.3% （4）↑106.1%

续表

位置	生态系统	年平均温度 / ℃	年平均降水 / mm	研究时期 / 年	处理	土壤呼吸		
中国科学院植物研究所多伦恢复生态实验示范站（42°02′N，116°16′E）	—	2.1	387	2005.6.10—9.20	（1）降水：↑50% （2）添加 POM（等同于 60 g C/m^2、120 g C/m^2、240 g C/m^2）	MBC： 0～10 cm: ↑10.5% 10～20 cm: ↑16.8%	MBC： （1）0～10 cm： C60: ↑7.0% C120: ↑10.5% C240: ↑14.9% （2）10～20 cm： C60: ↑39.6% C120: ↑64.2% C240: ↑96.3%	
内蒙古多伦县（42°02′N，116°17′E）	典型半干旱温带草原	2.1	385.5	2005—2007	（1）降水：↑30% （2）增温	RSP： （1）↑32.6% （2）↓4.5%	MBC： （1）↑16.8% （2）↓13.4%	MR： （1）↑38.5% （2）↓15%
内蒙古多伦县（42°02′N，116°17′E）	温带草原	2.1	385.5	2005—2006	（1）降水：↑30% （2）增温：辐射增温	NEE： 2005：（1）↑2.1%； （2）↓13% 2006：（1）↑39.3%； （2）↓9.1%	ER： 2005：（1）↑9.6%； （2）↓7.4% 2006：（1）↑26.2%； （2）↓4.7%	
内蒙古多伦县（42°02′N，116°17′E）	—	2.1	371	2005—2015	降水：↑50%	土壤总碳浓度：↓0.37%		

4.5 小结

基于内蒙古草地近 51 年 60 个气象站的气候数据、野外监测数据和模型模拟，研究了气候变化对内蒙古生态系统的影响。得出以下结论：

（1）近 51 年内蒙古草地区整体出现暖干化趋势，温度降水的时空分异大。年均温度以 0.44℃ /10 a 的速率增加，高于中国大陆年均温度 0.22℃ /10 a 的变暖速率。研究区降水量整体呈波动中减少趋势，生长季降水量以 3.9 mm/10 a 的速率线性减少。荒漠草原温度增加和降水减少将会导致其退化趋势。

（2）气候暖干化对内蒙古生态系统产生了强烈影响。1980—2020 年，内蒙古地区草甸草原、典型草原面积呈下降趋势，面积分别下降 12 887 km^2 和 2 273 km^2；荒漠草原面积呈上升趋势。内蒙古草地的生物量与物种丰富度和降水量呈显著正相关，降水的减少将影响草原的生物多样性。

（3）1980—2020 年，CASA 模型模拟的年均草地 NPP 为 301.65 g C/（m^2・a）。草甸草原、典型草原与荒漠草原 NPP 分别为 383 g C/（m^2・a）、251 g C/（m^2・a）和 65 g C/（m^2・a）。

（4）内蒙古草地整体表现为净碳汇，碳汇潜力为 4 583 万 t/a。其中碳汇和碳源面积分别占草地总面积的 60% 和 40%，固碳总量和排放总量分别是 5 725 万 t/a 和 1 142 万 t/a。20 世纪 80 年代碳汇潜力呈现增加趋势，90 年代碳汇潜力呈降低趋势，2000 年以后，碳汇潜力缓慢增加。降水量和降水格局是驱动内蒙古草地碳汇潜力变化的主导因子，贡献率占 78%，气温和碳汇潜力呈不显著负相关。

（5）气候变化对生态系统影响复杂，为了应对气候变化，要建立长效的生态补偿机制，退牧还草，利用现代科技手段构建高碳汇的生态系统，并进一步量化研究气候变化和人为因素对草地生态系统碳汇潜力的贡献率，将气候变化的重要作用纳入内蒙古生态系统退化的恢复战略，为内蒙古应对气候变化和实现“双碳”目标提供更有力的科技支撑。

第5章
内蒙古草地适应气候变化的技术及对策研究

5.1 内蒙古农牧业减排增汇对策

针对内蒙古地区面临的农牧业减排增汇压力，在已有的试验和示范基础上，总结归纳了国内外先进的技术模式，提出了8项农牧业减排增汇技术措施，这些技术措施仍需进一步的凝练、试验和示范，也需要进一步征求广大草地经营者、草地管理者及相关学者的意见与建议。

（1）天然草原管理技术景观/区域尺度放牧技术、基于草地生产力时空格局变化与气候波动的放牧技术、基于草地生产力动态的刈割技术与打草场管理技术、春季放牧时间及春季休牧制度、适应气候变化的草地放牧与刈割耦合技术。

（2）人工草地建植技术抗寒高产优质的牧草品种选育、抗旱高产优质的牧草品种选育、优质牧草栽培技术、人工草地灌溉施肥技术、补水条件下牧草的混播建植技术。

（3）草畜配套绿色高效生产技术饲草免耕补播技术、豆科牧草根瘤菌接种技术、苜蓿等温带多年生牧草优质高产栽培技术、苜蓿青贮技术、饲草农副产品混合青贮技术、移动围栏高效划区轮牧技术、不同年龄畜群饲草料配方技术、易扩散牧草病虫害统防统治技术、牛羊分群放牧管理设施与配套技术、草畜生产经营关键参数监测与调控技术。

（4）耕地质量提升与保育技术机械化深松整地技术、保护性耕作技术、秸秆全量处理利用技术、大田作物生物培肥集成技术、生石灰改良酸性土壤技术、秸秆腐熟还田技术、沼渣沼液综合利用培肥技术。

（5）农业控水与雨养旱作技术非充分灌溉优化决策与实施技术、高效输配水技术、水肥一体化自动控制技术、作物精细化地面灌溉技术、旱作全膜覆盖技术、保护性耕作与节水技术、多年生牧草雨养栽培技术、适雨型立体栽培技术。

（6）化肥减施增效技术、高效配方施肥技术、有机养分替代化肥技术、高效快速安全堆肥技术、新型肥料施肥技术。

（7）农业废物循环利用技术、秸秆机械化还田离田技术、全株秸秆菌酶联用发酵技术、秸秆成型饲料调制配方和加工技术、秸秆饲料发酵技术、秸秆食用菌生产技术、秸秆新型燃料化技术、畜禽养殖场“三改两分再利用”① 技术、畜禽养殖废物堆肥发酵成套设备推广、家庭农场废物异位发酵技术。

（8）作物绿色增产增效模式、绿肥－作物交替培肥种植制度与模式、盐碱地改良种植制度与技术模式、农闲田种草技术模式、主要农作物绿色增产增效模式。

5.1.1 禁牧对内蒙古草地碳汇潜力的影响

禁牧是我国退化草地植被恢复的主要措施，全国重度退化草地如果全面实施围栏封育措施，固碳潜力每年可达 12.01 Tg C。Wang 等根据我国 205 个退化草原样点观测数据估测，围栏封育后草原土壤有机碳平均每年增加 6.3%。随着围封禁牧年限的增加，土壤有机质含量逐渐升高，羊草草地围封禁牧 20 年以后，土壤有机质含量可以达到稳定。

禁牧草地碳汇增加的主要原因是封育促进了草原植被恢复，提高净初级生产力和光合产物向地下的转运量，同时改善恢复了地下生物和非生物环境。禁牧有效改善了退化草地地上植被的群落结构，显著提高了地上生物量、地下生物量、立枯物和凋落物的量，碳汇功能增强。采取禁牧措施后，草原植

① “三改两分再利用”是一种处理技术，它的核心思想是将粪污进行改水和处理，然后进行再利用。具体处理过程包括改冲水清粪为漏缝地板下刮粪板清粪、改无限用水为控制用水、改明沟排污为暗道排污，固液分离、雨污分离，畜禽粪便经过高温堆肥无害化处理后生产有机肥，养殖废水经过氧化塘等处理后为肥水浇灌农田。这样可以降低粪污对环境的污染程度，实现粪污的零排放，同时保护生态环境。

被逐渐恢复，输入土壤的凋落物增加，土壤风蚀减少，促进了土壤有机碳含量增加。围栏封育后，草原土壤微生物生物量 C、N、P 和土壤脲酶、磷酸单酯酶、脱氢酶、蛋白酶活性均大幅度提高，土壤微生物活性增强，同时草地土壤含盐量、pH 显著下降，土壤有机质、全氮、全磷、速效氮和速效磷等养分含量也显著增加，改善了土壤生物环境，土壤养分含量的增加可促进碳的固持。

5.1.2　不同草地利用方式对内蒙古草地碳汇潜力的影响

5.1.2.1　草地开垦对草地碳汇的影响

草地开垦对草地碳储存的影响很大，导致土壤中大量有机碳释放，使草地成为碳源。随着世界人口增长，粮食需求不断增加，世界范围内草地的开垦面积已达 2.80×10^6 hm^2，草地生态系统碳净损失量约为 10 Pg。Wang 等研究总结发现，草地开垦导致土壤有机碳含量年均下降 2.3%～2.8%，造成我国草原碳储存损失 30%～35%。草原开垦后，土壤有机碳的下降速率随开垦年限的增加而减少，在前 20 年，土壤有机碳迅速下降，之后下降速度逐渐降低。草地开垦后土壤有机碳含量的快速下降，主要有 5 个方面的原因：一是稀释作用，下层土壤有机碳含量比上层土壤低，草地开垦时的耕翻作用使上下层土壤相混合，降低土壤有机碳含量；二是土壤水蚀影响；三是风蚀作用；四是耕翻使土壤有机质暴露在空气中，促进土壤呼吸，增加了土壤有机质的氧化分解；五是草地的多年生植被转变成农作物，向地下转运的光合产物相对减少，作物的地上部分全部收获，严重影响碳通过枯落物向地下输送，而收获的籽实或秸秆，通过食物网或燃烧转化成 CO_2 排放到大气中。其中，侵蚀作用和土壤有机质的氧化分解是土壤有机碳快速降低的主要途径，而改善农田管理措施，可以降低土壤有机质的损失速率。

5.1.2.2　放牧利用对草原碳汇的影响

放牧对草原碳汇影响比较复杂。合理放牧管理估计每年增加土壤碳固持达 0.1～0.3 Mg C/hm^2。在连续放牧草场，增加放牧强度将降低草原土壤有机碳含量。草甸草原土壤表层 0～20 cm 的土壤有机质和全氮含量在轻度放牧和中度放牧的情况下没有显著差异，但均显著高于重度放牧。高寒草甸重度放牧利用导致土壤碳流失。重度放牧导致羊草草原每年碳净释放速率达 0.106 Mg C/hm^2。

放牧对土壤有机碳的作用有 3 条途径：群落净生产力途径、土壤氮储存途径和枯落物的分解途径。在较高的放牧率下，动物的选择性采食改变地上植被的组成，降低地下净初级生产力和植物群落生产力，减少地下碳的输入和草地生态系统的固碳量。相较于不放牧利用的草地，合理放牧能加快草原植物地上部分的碳转换，促进土壤和植物间的碳分配。此外，放牧可以降低土壤中颗粒状有机物向土壤有机碳的转化，降低土壤碳的固持。对于过度放牧的草地，只有 20%～50% 的地上净初级生物量以凋落物和家畜粪便的形式进入土壤库。过度放牧还会导致土壤氮库存减少、C：N 增加，限制碳的固持。过度放牧导致大量的地上植被被动物采食，降低了植被群落的盖度，增加了土壤表面的光照强度，可能加快土壤表层枯落物分解释放 CO_2 的速率。

5.1.2.3 刈割利用对草原碳汇的影响

刈割对土壤有机质含量影响很大，高强度的刈割利用显著降低了土壤有机质含量。高强度刈割利用 2 年后（刈割高度为 2 cm），草地 0～10 cm 土壤有机质含量显著降低。单贵莲等研究指出，退化草地在围封恢复过程中若连续多年刈割利用，容易再次发生退化演替，导致草群矮化和土壤有机质等含量下降。刈割利用导致土壤有机质减少的原因：多年连续高强度刈割利用降低光合产物向地下转运，降低草地初级生产力，减少营养物质储存，不利于第二年草地返青；枯落物减少和大量 N、C、P 等物质以草产品的方式被带走，特别是氮的损失导致土壤氮亏缺，对割草地的净初级生产力产生负反馈，不利于割草地碳固持。与轻度放牧地或不放牧利用相比，合理的刈割利用有利于植被更新，能增加土壤碳的库存。可以通过施肥等措施对割草地进行管理，及时返还草地损失的营养物质，增加草地净初级生产力，有效提高其固碳能力。

5.1.3 退化草地治理及改良措施对碳汇的影响

为了探寻退化草地治理的有效途径和方法，人们做了很大的努力并设计使用了多种方法，例如，围栏封育（自然恢复）、农业措施（包括松土、轻耙、浅耕翻、补播等）和建立人工草地等。

5.1.3.1 围栏封育对碳汇的影响

围栏封育是通过建立网围栏的方法去除人类对草原的放牧和刈割干扰，

使退化草原实现自然恢复的方法。围栏封育对群落生产力和群落演替都有一定的影响，能使草地得以休养生息，促进幼苗的萌发和生长从而在围栏封育前期提高草地群落地上生物量。但退化草地产量难以为继。闫玉春等（2007）的研究结果表明，围栏封育第 2 年和 26 年群落的地上现存生物量都显著低于围栏封育 7 年的样地。此外，闫志坚等的研究结果也表明围栏封育一定年限后草原群落生物量反而会降低。这是因为过长时间围栏封育所积累的枯草会抑制植物幼苗生长，不利于草地的繁殖更新；而过长的围栏封育还会造成土壤呼吸受阻，微生物代谢降低，物质循环和能量流动缓慢。还有研究表明，重度退化草地采用生长季围栏封育恢复措施后，土壤有机质、全氮、全磷、速效氮等养分含量增加，容重、紧实度大于 0.25 mm 的粗颗粒降低，土壤结构与环境明显改善。

5.1.3.2　农业机械改良对碳汇的影响

农业机械改良措施（浅耕翻、耙地）能有效降低表层土壤容重，增大空隙度，促进微生物的分解代谢和植物根系的呼吸以及根茎型禾草的无性繁殖，从而加速退化群落的恢复演替。宝音陶格涛等的研究表明，浅耕翻后土壤容重比天然放牧场降低 22.30%，含水量提高 93.71%，真菌数量提高 53.06%，放线菌提高 41.72%。但应指出的是浅耕翻改良在进行的初期易造成土壤的沙化和表层土壤有机碳的释放，因此选择这种改良措施时应选择风力小的地区而且要做好相应的保护措施。此外，耙地处理的主要作用是切断羊草老的根茎，加速新茎的分蘖，因此主要适用地为典型草原区的退化羊草草原。

对退化草原进行浅耕翻改良，在草地浅耕翻改良初期，土壤透气性增加导致土壤有机质分解加快，土壤 N_2O 和 CO_2 释放增加，不利于草地碳的固持。从长远来看，浅耕翻可有效改善草地土壤的物理性状，增加土壤团聚体结构的稳定系数，降低土壤容重，提高土壤保水能力，同时促进土壤中有机质、全氮、全磷、速效氮、速效磷等养分的快速积累，土壤物理性状的改良和养分含量的提高，将提高生物量并增加群落多样性，促进植被恢复，提高草地碳汇功能。

5.1.3.3　施肥对碳汇的影响

退化草地往往呈现土壤肥力的缺乏，特别是氮肥。人为施肥能显著提高草地肥力、加速牧草恢复生长，从而促进退化草原的恢复演替。白永飞等的研究表明，氮素对羊草种群具有显著的调节效应，随着氮素梯度的增加，羊草种群密度、种群高度、地上生物量、地下生物量、总生物量均显著增加，羊草种群地下生物量、地上生物量比值逐渐降低；此外，潘庆民等的研究表明，内蒙古典型草原群落净初级生产力受N、P元素共同限制，作为建群种的羊草，其对N、P添加的响应因组织水平而异，也受年际间降水变化的影响。对退化草地合理施肥，可迅速增加植被植物多样性，促进草原生产力恢复，提高草原土壤有机碳水平。对于管理良好的草地，施肥可有效补充放牧或刈割利用带走的营养元素，平衡草地营养物循环，有利于土壤有机碳的增加。

5.1.3.4 补播对碳汇的影响

补播改良主要指在退化草地或盐碱化草地上补种合适的豆科或禾本科优良牧草，能增加草地植被盖度和提高生产力，增加草地生态系统的多样性与稳定性。补播还能加速退化群落的恢复演替，从弃耕地香茅草群落恢复演替到长芒草原生植被需要四五十年的时间，而通过补播优良牧草沙打旺和兴安胡枝子能加速植被恢复进程，只需10年左右即可由弃耕地群落演替到长芒草群落。补播以选择乡土和竞争力强的豆科与禾本科植物为最好。而要在盐渍化程度高的草原补播羊草，可以先选择一些先锋植物改良土壤，为羊草的侵入或补播创造条件。

5.1.3.5 建立人工草地对碳汇的影响

人工草地是利用综合农业技术，在被完全破坏天然植被的基础上，通过人为播种建植的人工草地群落。

人工草地固碳主要与草地建植年限和草地植被类型有关。在0～20 cm的土层上，紫花苜蓿人工草地建植年限越长，越有利于土壤碳的固定，种植年限与土壤有机碳含量呈显著正相关。Conant等估计农田转变成多年生禾草地后，平均每年的固碳量为1.01 mg/hm^2。多年生牧草比一年生牧草对土壤有机质的贡献大，豆科牧草比禾本科牧草有更强的固碳能力，豆科牧草和禾本科牧草混播固碳效率最高。此外，张法伟等也发现人工草地与围栏封育样地相比较，显著地降低了土壤表层有机质含量。开垦加速了有机质的分解，不利于草地固碳；而且植物群落的多样性越高，草地固碳能力越强。开垦天然草地建立人工草地可能因草地群落结构单一而降低固碳效率，导致土壤有机质降低。

5.1.4 草地适应气候变化新途径

20 世纪的人口剧增、全球气候变化、土地荒漠化、生物多样性的丧失及淡水资源与能源的紧缺等诸多生态与环境问题向世人提出严峻的挑战，正激起人类的生态觉醒。因此，可持续发展的理念应运而生。走持续发展之路，已成为 21 世纪人类文明的鲜明标志和时代的呼声。20 世纪后期北方草原的超载利用和盲目开垦，引起大面积草原退化和沙化，这是大自然给我们发出的严重警告。为此，必须遵循自然规律和经济规律，合理利用草原，采取科学对策切实维护草原整体生态功能。虽然原始的游牧生活已不是当今时代的民族需要，但民族遗产中的生态之道，游牧文化的精髓却为草原地区的可持续发展道路提供了借鉴。

5.1.4.1 利用景观与区域大尺度放牧

半干旱草原区由于受气候波动，蒸发强烈、冬季严寒和水热资源的限制，必须正确测算天然草地生产力及其季节间的差异和年度间的变率。为使草原的更新机制不受损害，植物的放牧采食量和收割量不能超越草地生物再生能力的阈限。在发展人工饲草料生产的同时，必须实行轮换休牧制度，设定每年的禁牧期，有利于牧草返青和正常生长，保持草原生产力水平和生态系统健康。在适应气候变化的动态放牧技术上，基于草地生产力及草畜平衡的时空格局变化特征，针对北方草原区气候波动性增加、极端气候事件增多及暖干化的气候变化特点，以及中西部草地退化严重的环境特点，在吸收游牧及其他放牧技术优点的基础上，构建动态的优化放牧技术体系，包括扩大放牧空间，充分利用草场地形特征，划分春季、夏季、秋季及冬季放牧区，进行大尺度的景观放牧。根据水热资源配置新特点探索不同景观与区域间划区轮牧、休牧、舍饲组合技术。在划区轮牧上，首先，需要依据气候条件及局地的自然状况，构建动态的优化放牧技术体系，改变现在固定的牧事活动时间节点，总结和归纳各类表征牧事活动适宜开展的天气、气候、物候、生态学、生理学等指标，实现动态化放牧。其次，由空间异质性所带来的适应气候变化的天然资源的有效识别、量化和合理利用，如地势高低及阴阳坡差别也能有效规避极端温度的影响等。这一放牧方式针对我国北方草原生产力时空异质性较大，近年来，草地退化严重的区域环境特征及草原区气候波动性较大、极端气候事件增多等气候变化特点，改变现在固定的牧事活动时间节点及放牧强度，实行基于动态草畜平衡的放牧方式，构建了根据景观和区域草地生产力与利用现状实行景观及区域间划区轮牧、休牧、舍饲组合技术。该技术解决了北方草原气候年度与季节变幅较大，草地生产力不稳定且空间异质性较强而导致的过载或放牧不足问题，提高了草地的可持续利用性。

5.1.4.2 建设节水的人工草地与饲料地

水利设施是建立人工饲草料基地的必备条件，建立多种人工饲草料基地是减轻天然草场压力使之得以休养恢复并实行放牧与饲养相结合模式的保障措施，是草原畜牧业今后再发展的重要物质基础，草原区水利建设面对的困难是水资源较贫乏且分布不均，水文条件与水资源的勘探不足，地下水埋深往往超百米，工程投资大（机、电、井造价都高），运行成本高（电路损耗大），投资效益低，需要国家投入并给予动力和运行费用的补贴式优惠，以利于调动地方政府和牧民加快牧区水利建设的积极性，使他们建得起、用得起。在降水量 350 mm 以上的草原地区，大兴安岭东、西两麓和阴山南北的山前丘陵地区，如嫩江、西辽河、乌拉盖河、闪电河流域，科尔沁沙地、浑善达克沙地东部、毛乌素沙地的许多丘间滩地都是水资源较多的地区，也具有较好的土地资源，是可以建设饲草基地的主要地区，应作为水利建设的重点。但必须统筹规划，对水资源总量及其时空分布与变化要做出可靠的评价；对生态环境耗水，草原及其他天然植被耗水，人工林草植物用水，农牧业生产用水，工矿业与其他社会经济发展及居民生活用水等进行科学的测算；并对水资源的开采利用留有必要的余地，按照水资源可持续利用的战略要求，进行水资源的合理配置和水利设施的建设。利用河谷滩地、湖盆洼地、沙丘间低地等地下水位较高的适宜土地（占草原区总面积的 5%～6%）建立各种非灌溉及适度补灌的人工草地与饲料地是草原生态环境建设和草原畜牧业集约化经营的主要措施，是一项具有长远意义的生态产业工程，需要长期坚持不懈地以产业化的方式推行这一项建设。当前，退耕还草、退牧还草、防沙治沙等重大生态建设项目中都含有草地建设的内容。今后更要以发展家庭牧场和招商引资等多种途径促进草地与饲料生产和家畜育肥基地的建设，向草畜一体化的集约型产业模式发展。草原牧区具有经营放牧畜牧业的草地资源和传统，又有地方优良家畜品种资源。目前正在推行休牧、轮牧等合理利用与草原保护，在有条件的区域营建多种形式的人工草地和饲料地。可按照集约化经营的模式实行夏牧冬饲，把牧区建成家畜繁育基地。牧区以南、以东的农牧交错区，兼有种植业和畜牧业的资源与环境，具有种养结合、家畜育肥的有利条件。牧区与农牧交错区优势互补，实行系统耦合，可以开创集约化、产业化的新型农牧业生产体系。并应按照统筹城乡经济社会发展目标，建设新型草原产业带。

5.1.4.3　恢复退化草原

退化草原因草群质量低劣，生产力已明显下降，必须实行围栏封育，根据实验结果，封育 7～8 年，草群结构和生产力可以基本得到恢复。退化草原实行封育，消除了放牧家畜的践踏和采食对草地的影响。群落中的各种植物通过生存竞争和种内、种间的相互作用，冷蒿、星毛萎陵菜等退化群落逐步向适应当地气候条件的针茅或羊草群落的方向演进。退化草原生态系统在恢复过程中，羊草、大针茅、冰草、洽草、西伯利亚羽茅、山葱等优良牧草逐年增多。冰草在封育的第 5 年可明显增长，羊草到第 8 年明显增多，成为群落的优势种；而冷蒿、变蒿、糙稳子草、星毛萎陵菜、阿尔泰狗娃花等不可利用或劣质牧草，从原来的优势种逐渐变为群落的伴生种。草原区应根据地域分异的特点，各旗县制定适合当地草原情况的草原保护、建设、使用细则。对牧户使用的草地，要限定适当的使用强度，设定维护目标，切实做到草原使用权和草原生态环境维护义务同时落实，并建立草原生态环境监测体系，作为法制管理的科学依据。牧民保护草原不仅保护了自己的生产生活条件，同时也具有公益性，可使周边地区的环境得以改善。对围封禁牧式维护自家草地，效果良好的牧民给予金钱奖励以抵偿少养牲畜而减少的经济收益。可把恢复与建设草原植被的工程任务按照公司 + 牧户的办法交付牧民承担，达到预定标准后，给付补偿。为防止超载过牧，可考虑制定适当的办法，对超载的牲畜征收较高的税费。总之，严格遵循自然与经济规律，草原地区实行“休牧轮牧、建设草地，夏牧冬饲、异地育肥，增加投入、集约经营，优化管理、确保安全，系统开放，互动发展”的模式，更好地适应气候变化，实现草原生态安全与农牧民富足的目标。

5.2 草原生态系统应对气候变化的适应性措施

5.2.1 草原脆弱性评估

植物物候及其变化是多个环境因子综合影响的结果，其中气候是最活跃的环境因子。由于气候随经度、纬度和海拔变化而存在着规律性变化，从而导致了物候现象随经度、纬度和海拔变化具有推移性的特点。近 30 年来气候变暖对植物物候、植物沿纬向和垂直方向的分布变化以及植物之间相互作用过程等都有明显影响，这种影响体现了自然生态系统对气候变化的响应和适应。

建立草原气候变化脆弱性评价体系，采用 Delphi 专家咨询法，综合运用“脆弱性 = f（暴露度，敏感性，适应能力）”和“压力—状态—响应（PSR）”模型建立评价指标体系，分析县域气候变化脆弱性的时空变化规律，不同草原类型的脆弱度不同；随着经济发展和国家对生态环境治理的投入加大，内蒙古草原区（县）域气候变化脆弱度的变化可利用脆弱评价系统进行判断，采取不同的措施来增强草原区适应气候变化的能力，首先要重视自适应能力的提高，其次是降低敏感性及暴露度。

5.2.2 牧民可采取的措施

牧民作为感知气候变化最敏感的群体，其感知在某种程度上能够佐证气候的变化趋势，各地区牧民对气候变化的感知情况基本与气象数据的变化趋势一致——降水量在减少，年均温度在升高，生态环境在变差。有经验的牧民根据前一年的气温和降水量的变化就能预测到第二年的气候变化，会根据自己的预测提前做一些防御灾害的准备工作，避免或降低灾害造成的损失。

（1）增加补饲。牧民在冬季购买饲草料，以减少家畜在冬季能量的损失。

（2）冬季实施舍饲喂养。家畜冬季不放牧，在暖棚内过冬，可增强抵御严寒的能力。

（3）减少畜群数量。由传统的“数量养畜”向“效益养畜”转变，淘汰生产能力差的家畜，在一定程度上减少畜群数量，提高单位家畜的效益。按照牧民的实际接受能力，模拟减畜 15%、30%、50% 及 80%。政府给予牧民减畜补贴，模型中未包括补贴收入。

（4）饲养新品种。引进杜泊羊与当地蒙古羊杂交，成为杜蒙羊。根据调研情况，当地蒙古羊出栏时体重平均为 30 kg，杜蒙羊能达到 55 kg。

（5）外出务工。一些牧民由于经营不善或其他原因，在出现极端天气时（极寒、干旱）无法应对气候的变化，放弃对牧场的经营或将牧场转租而进城务工。

5.2.3　畜牧业可采取的措施

草原畜牧业应对气候变化的适应对策，不仅要针对草原、牲畜及水资源，更要重视保障牧民的生计和生活质量，做到保护与适应同步。当前的气候变化和草原保护政策等因素，大大削弱了牧民一些传统适应措施的作用和牧民个体的适应能力，因此，政府及研究机构应作为主体帮助牧民适应气候变化，同时政府应加大对牧民的补贴及补偿。从长期来看，草原畜牧业适应气候变化必须从工程实施移向制度建设，适应对策的制度建设非常重要。

（1）政府及其他利益相关方应该充分关注气候变化对人体自身（健康）的影响。

（2）降低草原畜牧业的脆弱性，首先要重视适应能力的提高，其次是降低敏感性及暴露度。

（3）政府在治理自然禀赋差和已破坏草原的同时，应重视对自然禀赋好、破坏程度小的草原的保护。

（4）保障牧民的收入，从政策上给予牧民生产生活应有的、必要的补贴及补偿。

（5）丰富牧民收入结构，使牧民的收入多元化。

（6）建立饲草储备制度。

（7）通过科学技术和管理，恢复草原生产力，并酌情发展人工高产饲草料基地。

（8）应加大草原畜牧业基础设施的建设，如棚圈、储草棚等。

（9）草原畜牧业应对干旱，需增强气象监测、预报、预警技术系统和配套设施的建设。

（10）通过管理和技术性措施合理调整母畜比重，控制牲畜数量。

（11）通过生物技术进行牲畜改良，增加良种畜比重，并提高牲畜的出栏率。

5.2.4 相关部门可采取的措施

（1）建立联动应急饲草料储备体系及区域间草畜资源优化配置与调控机制

为了增强牧区的气候变化适应性，提高应对以雪灾、旱灾为主的气候灾害能力，建议加强政府投入，建立国家、地方和牧民的联动应急饲草料储备体系。一是建立防灾专用饲草料加工贮备的政府、集体（企业）和牧户三位统一、三级储备库配套体系；二是建立防雪灾旱灾专用物流体系；三是建立防雪灾旱灾预警监测体系与应急机制。根据各地草地资源的状况，建立草料资源的空间调配模式。我国草原资源覆被广泛，气候条件迥异，草地资源水平也呈现显著的差异，鉴于此，应根据草原资源空间格局，试建跨区域的草料空间优化调配机制。

（2）加强投入力度，提升草原科技创新水平和支撑能力

在国家现行的保护草原、减轻草原压力的工程措施的基础上，增加草原建设的直接投入，提升草原科技投入水平，发挥科技为第一生产力的作用；加强草原生态系统合理放牧利用与高效保育的基础研究，将家畜纳入草原生态系统中，研究其优化作用机制，探索放牧优化草原生产力的调控理论与技术，快速提高草原生产力和提升草原生态系统功能。

（3）建立牧户经营决策支持系统，指导牧户健康持续发展

加强牧户经营模式的基础研究，包括牧户对气候变化、市场变化和政策变化的适应策略，合作经营、规模经营等模式的效率和效益；基于不同牧区牧户心理载畜率对草原政策的响应，以及对草原生态和经济的影响，建立牧户系统经营决策支持系统，指导牧户系统健康持续发展。

（4）实施牧户逐步适应性减畜策略，建立草原生态补奖长效机制

为有效提高牧户减畜的自发性，减弱其心理阻力，草原补奖机制的实施应至少稳定持续 10～20 年，建立草原生态补奖的长效机制，并制定若干个以 3 年为期限的缓步实施减畜目标，直到形成稳定的适应性减畜模式；辨识和筛

选减畜倾向较大的牧户，通过科学培训和引导作用，并基于生态生产效益的提高，引导周边牧户从被动式减畜转为主动式减畜；在新型农牧民培训工程中增列适应性减畜示范县和示范户培训内容，同时对合作型示范户和技术支撑型示范户进行倾斜支持。

（5）确立与当地气候环境相匹配的牲畜结构，畜牧生产周期空间格局与模式

热量、降水等气候资源的地带性梯度分异是我国北方草原的基本特征，牧民自动适应本地区气候资源的牲畜结构形成过程，往往建立在不断“试错”的基础上；加之气候及草场资源持续变化，在此时间序列上，牧户牲畜结构调整具有滞后性，难以达到最优状态。因此，基于科学研究，探索不同气候资源条件下牲畜结构优化配置技术模式，再通过政策引导牧户生产方式与技术的改进，实现在气候变化进程下牲畜结构时间序列的适应性调节。与此同时，在以温度升高为主要特征的气候变化持续进行的背景下，充分利用热量资源的积极变化，引导牧户调整接羔等生产经验关键节点的时间，增加以年为周期的草地畜牧业生产的效益。

5.3 草原适应性管理对策

按照区域生态系统发展的指导思路，平衡是调控生态系统演替的基本理念，平衡管理与控制是调控目标，实际上我国处于干旱、半干旱区的草原生态系统是十分复杂和多样的，属于气候、行为、市场等多因素干扰下的非平衡系统，因而草地生态系统宜采用适应性管理制度。适应性管理是生态系统管理方法之一，要强调系统存在不确定性，并把生态系统的利用与管理视为试验过程，从试验中不断学习。管理的具体过程为管理者首先要明确管理目标、设计假设试验并执行；其次，在实施过程中不断收集、分析各类数据信息，将执行结果与预先设计目标进行比较；最后，在比较中学习、发现错误、丰富知识以改变、调整项目计划。综合分析获得草原生态系统的现状信息，同时，在充分听取生态学家、管理者意见和建议的基础上，构建系列预测模型、初步设计计划、建立试验单元。

5.3.1 制度性适应对策

（1）草原确权 / 双权一制

按照《内蒙古自治区草原管理条例》《内蒙古自治区农牧业承包合同条例》和《内蒙古自治区人民政府进一步落实完善草原“双权一制”有关事宜的通知》（内政发〔2010〕104号），开展农牧区草原承包到户工作。承包方式和程序要符合《中华人民共和国农村国有土地承包法》的有关规定。具体要遵循以下基本原则：一是充分尊重广大农牧民意愿，不搞强迫命令。坚持把党的政策交给群众，承包方案要经村民大会讨论通过。二是因地制宜，不搞“一刀切”。在坚持以家庭承包为主的基础上，允许其他合法形式存在。三是正确处理国家、集体和农牧民之间利益关系。明确发包方和承包方各自的权利、责任和义务，做到权责利统一。四是坚持经济效益和生态效益统一，加强草原管理和保护。农牧区草原承包到户后，只准建设人工草原和围栏划区轮牧，不准自然放牧。五是严禁把草牧场当成“四荒”（荒山、荒沟、荒丘、荒滩）用地处理。凡把草牧场误定为“四荒”用地承包、出租、拍卖的，必须采取适当方式予以纠正，重新按草原进行承包。

（2）草畜平衡政策

草畜平衡核定由草原监理部门和草原站共同负责组织实施。应当每2年举行一次。草畜平衡核定应当对饲草饲料总贮量进行测算，并确定适宜的载畜量。草畜平衡核定对象为草原承包经营者或草原使用权单位。未承包经营的草原和机动草原以具有草原使用权的单位进行核定。确定适宜的载畜量必须根据草地类型、植被状况，规定适宜的利用率。

（3）社会项目评估

基于总体经济价值评估体系（Total Economic Valuation，TEV）和全球性生态系统及生物多样性经济学评估，草地有10种服务，分别有供给方面的食物、水、原材料和医疗资源，调节方面的气候调节、废物处理及水净化和防止水土流失，栖息地服务方面的基因库保护，文化服务方面的美学文化和游憩。从“草—畜—人”的社会生态系统视角，以“土壤—草界面、草—畜界面、草—畜—人界面”逐层递进的方式，进行土地价值、生态价值、牲畜及畜产品的价值和社会价值的评估，对草原生态系统服务功能进行货币化评估，对其重要性进行排序，分阶段进行适应性管理。

（4）畜牧业防疫

为促进畜禽养殖业更好的发展，并确保畜禽生产的质量，相关部门必须针对当地养殖业实际情况开展综合性管理及科学性指导。相关的上级监管部门应该将畜禽业生产进行归类和有效整顿，统一开展必要的防疫工作，并且给予畜禽饲养者科学有效的防疫指导。主要包括禁止外来动物进入养殖场、臭氧杀菌、饲料管理、严格控制进场人员等方面。

（5）防灾减灾基金及畜牧业保险

畜牧业保险是现代畜牧业金融服务体系的重要内容，是国家扶持现代畜牧业发展一系列政策措施的组成部分，是增强畜牧业防范和抵御风险能力，提高畜牧业可持续发展水平的有效手段，需要健全组织，加强领导，将畜牧保险纳入现代畜牧业发展政策支持体系统筹规划管理；鼓励和支持养殖户积极参加畜牧保险的政策措施并加大宣传，提高农牧民的风险意识和保险意识，适当扩大保险范围，鼓励保险公司结合当地差异化，进行有效的保险供给。

5.3.2　政策性适应对策

（1）社会保障体系

内蒙古牧民以牧场为依托，以家庭为主体，随着超载放牧和过度放牧及生态环境的恶化，草场、牧场严重退化，牧民的家庭保障能力逐步弱化，牧民面临自然风险和市场风险等挑战。建立牧区社会保障体系，实现牧区劳动力分化转移和资源优化配置，提高牧民的素质和从业水平，缓解草原传统放牧超载的现状，保障牧民基本生活，提高应对气候变化的能力。

（2）草原植被恢复系统与生态系统重建

实施草原围栏制度，食草动物一般都被围在草原围栏外。草原围栏作为人类有意识调节草原生态系统的手段，据认为能够增加草原初级生产力，防止草原退化加剧，对草原生态系统的恢复与重建有着积极的作用，增加牲畜轮牧食物资源量、改善土壤理化性质、为微生物的生存和繁殖提供场所，同时有利于增加生物多样性，提高草原生态自身面对气候变化的能力。

（3）生态移民

生态移民通过将生活在恶劣环境条件下的居民搬迁到生存条件更好的地

区，一是可以减轻人类对原本脆弱的生态环境的继续破坏，使生态系统得以恢复和重建；二是可以通过异地开发，逐步改善贫困人口的生存状态；三是减小自然保护区的人口压力，使自然景观、自然生态和生物多样性得到有效保护。生态移民在一定程度上改变了牧民传统的生产和生活方式，牧民必定要接受和学习新的文化，且在定居区域定居点的规划建设应当选取适应于地域特征的布局模式，以保证牧民能充分利用城镇设施；定居点的规划设计应当预留一定的发展区，应当积极考虑当地的人文要素，包括牧民的饮食习惯、节日活动与习俗、礼仪、信仰等，重点是定居点的规划设计在满足牧民目前生产生活需求的同时，还应当具有一定的前瞻性，以适应牧民生产与生活对空间的需求变化。

5.3.3 工程性适应对策

（1）建设饲草地

在地势平坦、半湿润的森林草原地带建立人工饲料基地，并在草原农区、半农半牧区划出部分可耕地和轮作草地，生产大量饲料，以保证畜牧业的发展。它是发展畜牧业的物质基础，改变靠天养畜传统方式，实现畜牧业现代化的基本建设，提高牲畜和牧民对应气候变化的能力。开展牧区饲草地项目，发展高效节水灌溉饲草地，该措施可极大地缓解天然草场的载畜压力，为全面实现围封禁牧、舍饲圈养起到示范作用。同时节水灌溉工程的实施将使水资源科学开发，合理利用，增加灌溉面积，提高饲草料产量，植被覆盖率也能够得以恢复和加强，增强区域性气候调节能力和水分涵养能力，有效改善日趋恶化的生态环境，促进生态环境向良性循环转变，将有利于牧业生产的发展，进而促进牧民增产、增收，生活水平逐步提高。

（2）开展节水灌溉 / 井

高效发展机械动力淋洒、步行式喷灌、集雨滴灌等节水灌溉技术，解决耕地灌溉不及时的问题，能够按照不同季节、不同气候条件和饲草料不同生长期的实际需要科学用水，达到了节水、增产、增收和增效的目的，有效调节了土壤温湿度和田间、小区气候，有效抑制了农作物病虫害的发生和蔓延，降低农药的使用量，减少了环境污染、优化了生态环境。一是增强了牧业抵御自然灾害的能力，饲草料产量显著增加，牧民收入有所提高，生产积极性充分发挥；二是从水资源管理、资金管理、工程建设使用与维护、科技推广、效益测评、发展思路与模式等方面形成了相对规范的完整体系，为今后节水技术的普遍推广提供了经验；三是可以合理开发利用水资源，提高水资源的利用效率，缓解水资源短缺的矛盾，在改善和扩大灌溉面积的同时，保证和提高牧民的收入，改善牧民的生活条件，并使牧业由粗放型经营向集约化经营转变。同时，在一定程度上将缓解水资源开发的压力，并有利于提高水资源的综合效益。

（3）棚圈建设及气象站点建设

建立牲畜暖棚圈，合理安装保暖及采光材料，保持通风、干燥、防滑和稳定性，不仅有利于牲畜顺利度过寒冷季节，后期将圈舍深翻、平整后，也适合种植生长期短的蔬菜，以满足农牧民生活需要，所以棚圈建设也提高了牧民抗灾保畜的能力。

5.3.4 技术适应性对策

（1）合作轮牧

合作轮牧是一种放牧饲养方式，目标是根据饲草生长特性，充分利用牧草生长活跃期的高营养，匹配牲畜生长需要，获得较高的放牧收益。根据草场类型、牧草再生率，确定轮牧周期、轮牧频率、小区放牧天数、始终轮牧期、轮牧畜群的饮水、补盐及疾病防治等日常管理方案，以单户或联户为一个放牧单元，制订畜群轮牧计划。

（2）气候监测、预测和预警技术

开展草原面积变化、生产能力动态、草原生态状况、草原灾害及草原保护与建设效益的监测分析和评价，为草原保护建设的规划与决策和草原执法提供了基础资料，对于保护和改善草原生态环境、合理利用草原资源、科学规划草原保护和建设工程、促进畜牧业结构调整和提高牧民收入等方面具有深远意义。发展草原火灾、蝗灾等一系列自然灾害的预测和预警技术，有利于及时发现破坏草原生态的“元凶”，及时采取措施，精准阻击，把危害降到最低，保护草原生态。

（3）饲草储备技术

在草原牧区实施饲草储备战略，以解决季节性饲草供应不平衡等问题，加强牧民的防灾、抗灾、减灾能力。一是在设施上精准投入。根据不同地区、不同气候条件，建立适合当地的大型抗灾饲草应急储备库，防止牧草因储备不当导致营养流失。根据实际情况完善饲草产品储备设施、物流设施和基层设施。二是在政策上，鼓励和支持饲草饲料的市场流通，保障草畜平衡。三是加大科技投入力度，完善饲草储存技术体系，提高应急抗灾能力。根据抗灾饲草储备期间的营养物质劣变机理和规律，健全饲草储备库环境参数，制定抗灾饲草储备技术标准，提高品质检测技术，建立饲草储备监测体系与饲草安全储备管理体系等。

（4）深入草原生态承载力研究

生态承载力是衡量可持续发展的重要标志。通过生态承载力研究可定量分析区域发展中存在的问题，加大对生态草原承载力的了解和研究，合理开发和利用草原资源，提高草原的生产能力和经济效益，促进畜牧业健康发展，维护草原生态系统平衡，保护生态环境，有利于提高草原生态面对气候变化的适应力。

（5）饲草和牲畜改良

以牧草为基础的畜牧业的发展，打破了危害性很大的连年耕作的恶性循环，可以通过草场改良、储存饲草和鲜饲草、生产多种草本科饲料、饲料管理、粪便管理等方式进行饲草生产、保存和牲畜养殖改良。

5.3.5 保障性措施

政府等相关部门还需进行一系列保障性措施，涵盖部门机构、环保资金、教育宣传等方面，以长远发展来提升所在区域整体管理水平和牧民的生态保护能力，加强草原生态面对气候变化的适应能力，如生态功能保护区的机构建设、适应气候变化机构建设、生态功能保护区气候变化宣传教育、适应气候变化政策和规划制定、生态功能保护区气候变化专项资金、各部门工作人员气候变化教育培训、产业结构调整规划、农牧民气候变化适应宣传、指导和培训等方面。

5.4 完善内蒙古草原生态治理的对策建议

国家和内蒙古发展和改革委、环保、林业、农牧业、水利等有关部门，宜把内蒙古打造成我国北方重要的森林、草原、湿地碳汇基地列入国家和内蒙古发展规划与专项规划，纳入国家碳汇项目储备库管理，主要包括打造大兴安岭森林碳汇区和建设草原碳汇基地两个方面。

5.4.1 建立长效的生态补偿机制

国家、地方和牧民三者的利益与目标协调一致，是草原保护建设取得成效的关键。建立健全草原生态补偿机制，科学制定草原生态补偿的补偿内容、补偿标准、补偿主体、补贴方式和补偿对象，在主要牧区和生态较脆弱的半农、半牧区开展生态补偿试点，对实施禁牧、休牧的牧民给予补偿，在加强草原保护的同时努力确保牧民收入不减少，生活水平不下降。生态补偿需要政府和牧民协同。政府出台导向性政策，引导牧民行为，具体措施包括两个方面：一方面调整牧区生产方式。政府通过奖惩政策引导牧民转变传统的生产方式，参与碳汇贸易，减少牧民行为对草原的破坏；另一方面政府通过金融政策，鼓励牧民发展碳汇贸易，对做出特殊贡献的牧民提供专项贷款，并给予奖励。

建立生态保护补偿标准体系，从行政的角度来发挥其重要作用，通过政策法规的约束使人民的切身利益得到很好的保护；加强对生态补偿资金的管理和监督，政府职能部门加大对草原保护方面的财政补贴和资金投入力度，做好多渠道、多途径的资金筹集；通过对草原生态补偿资金的不断增加，鼓励那些对草原生态环保做出杰出贡献的企业并进行奖励补贴。

5.4.2 退牧还草

退牧还草工程是一项内容复杂、涉及面广、技术性和政策性较强的重大生态工程，是指在退化的草原上通过围栏建设、补播改良以及禁牧、休牧、划区轮牧等措施使天然草场得到休养生息，实现草畜平衡，改善草原生态，提高草原生产力，实现草原资源的永续利用建立与畜牧业可持续发展相适应的草原生态系统，促进草原生态环境与畜牧业协调发展而实施的一项草原生态建设工程。工程的核心内容和主要措施是禁牧、休牧和划区轮牧。

退牧还草行政补偿是地区生态与经济发展过程中协调各方利益、平衡社会福利的需要。退牧还草作为草原生态保护和建设的工程之一，需要以补偿为纽带，以利益为中心，建立利益驱动机制、激励机制和协调机制，以调动广大群众生态建设的积极性。并且，草原生态建设对当地的回报率低且回报周期长，对社会贴现率高的地区缺乏吸引力，只有通过补偿，调节成本—效益动态关系，提高回报率，缩短回报周期，使生态建设的近期收益率与其他行业的平均收益率相近，才能吸引群众投身参与，最终实现生态环境与经济社会的协调发展。

综上，所谓的退牧还草行政补偿制度也称“退牧还草行政补偿”，指在退牧还草工程的实施过程中行政主体为了保护、恢复草原生态环境实行禁牧、休牧或者划区轮牧致使公民的合法权益遭受损失，出于公平原则对遭受损失的相对人给予补偿的法律制度。

5.4.3 利用现代科技手段构建高碳汇草原生态系统

通过制定全国草原资源亟须重点保护名录及方略加强草原资源保护，维持草原生态功能。利用现代生物技术筛选和培育固碳能力强的草原品种资源，构建碳汇功能强的草原生态系统。同时，重视和借鉴世界上发达国家的经验，学习国外的先进草原生态环境保护理念经验和技术。要建立多元化、多层次、多渠道的投资体制，积极吸引和利用外资，做好草原生态环境保护工作。

5.4.4 科学进行监测评估

加大生态资源信息平台建设的力度，实现数字化、精确化管理，最大限度地借助互联网与相关部门建立草原生态环保方面的信息互联互通，建立草原生态环境数据库，确保平台内的每个地区、部门间都有良好的联系，将结果与环境执法进行紧密的结合，及时打击违法犯罪行为；同时与新闻媒体保持良好的合作关系，第一时间进行草原信息的公布，对违法行为进行及时准确的曝光。

5.4.5 构建草原生态环境保护社会行动体系

（1）提升公民生态环境素养

加强对公众的草原生态环境保护宣传、教育、技能培训工作，提升公众草原生态环境保护能力，积极关注草原生态环境政策，为政策建言献策、贡献智慧；发现破坏草原和环境污染问题及时劝阻、制止或向举报平台信访举报；积极传播草原生态保护知识和生态文明理念。广泛动员社会公众，不断提高公众生态意识、责任意识、大局意识，强烈的意识转化内生动力，使人民自觉自愿参与到生态环境保护中来，再通过行动来促进认知的提升，最终做到知行合一。

（2）强化草原生态环境保护信息公开

强化草原生态环境保护信息公开制度，健全草原生态环境信息强制性披露制度。依法公开草原环境质量信息和草原环保目标责任，依法公开企业环境违法处罚信息，督促重点排污单位及时公布监测和污染排放信息，治污设施运行情况、生态环保违法处罚及整改等信息。对比较重大的草原环境破坏事件、关系人们切身利益的事件均需要及时精准地进行信息公开处理，与此同时积极做好舆论引导方面的工作。推进生态环保设施向公众开放的工作，不仅能够缓解人们对工程项目产生污染问题的焦虑，同时能进一步增强人们对监督部门以及企业的信任度。

（3）建立健全全社会参与监督管理机制

政府需要积极地创造有利条件，确保公民参与到政府的决策当中，使政府可以更加全面、综合地对整个情况进行了解，进而保障政策的制定更加科学化、合理化、具体化；此外，应充分发挥监督举报的作用，借助网络平台、设置举报热线、举报邮箱等方法以使草原生态问题的投诉、举报工作更加规范化。

5.5 小结

在总结国内外先进技术模式的基础上，提出了包括绿色草地管理、建植、草畜配套等 8 项农牧业减排增汇技术措施，指出禁牧是恢复退化草地植被的主要措施。评估了开垦、放牧利用、刈割利用等不同草地利用方式对草地碳汇潜力的影响，并评估了围栏封育、农业机械改良、施肥、补播及建立人工草地等针对退化草地的治理及改良措施对草地碳汇的影响，提出了利用景观与大尺度放牧、建设节水人工草地与饲料地，多措并举恢复退化草地，并结合生态补偿、草地畜牧业资源可持续利用等相关政策，扶持草地畜牧业适应气候变化。

在建立草原气候变化脆弱性评价体系的基础上，从牧民、畜牧业和相关管理部门 3 个维度总结提出了草原生态系统应对气候变化的适应性措施。从牧民个体的角度而言，由于个体在应对气候变化方面天然的脆弱性，更需要相关管理部门加强投入力度，提升草原科技创新水平和支撑能力，引导整个草原畜牧业可持续发展，提升牧民个体在应对气候变化方面的抗风险能力。

气候变化背景下草地的适应性管理对策主要包括 4 个方面：一是优化畜种及草地利用方式，提高草地畜牧业生产能力；二是调整草地畜牧业生产方式和生态环境治理措施，创新发展退化草地恢复改良、人工草地建植及高效灌溉技术研发、草地畜牧业资源可持续利用等应对措施；三是完善优化草地生产管理体系；四是完善草地生态补偿制度，调整草地产权政策体制，构建应对全球变化的多元化草地经营管理体系。

针对内蒙古草原生态治理，需要严格落实基本草原保护制度、严格落实草畜平衡和禁牧休牧制度、严格落实生态保护红线和国土空间用途管制制度、严格落实草原征用占用审核审批制度、严格落实草原执法监督制度、完善国有草原资源有偿使用制度、健全草原生态保护修复监管制度、完善草原确权承包经营机制、建立草原资源调查体系、健全草原生态状况监测评价体系、建立草原数字化监管新机制、建立完善草原类型自然保护地体系、稳步推进国家重大生态治理工程建设、规范开展草原生态修复治理设计施工、科学推进林草生态治理、鼓励和支持人工草地建设、开展草种质资源普查收集和保护工作、提升草种业发展水平、提升草原生物灾害防控能力、加强草原防灭火工作、加快草原畜牧业转型升级、大力发展草产业、推动草原牧区绿色发展。

参考文献

[1]白永飞，许志信，李德新．内蒙古高原针茅草原群落α多样性研究[J]. 生物多样性，2000（4）：353-360.

[2]宝音陶格涛，刘美玲．退化草原轻耙处理过程中植物种多样性变化的研究[J]. 中国沙漠，2003（4）：107-111.

[3]曹立国，刘普幸，张克新，等．锡林郭勒盟草地对气候变化的响应及其空间差异分析[J]. 干旱区研究，2011，28（5）：789-794.

[4]畅慧勤，徐文勇，袁杰，等．西藏阿里草地资源现状及载畜量[J]. 草业科学，2012，29（11）：1660-1664.

[5]戴尔阜，黄宇，吴卓，等．内蒙古草地生态系统碳源/汇时空格局及其与气候因子的关系[J]. 地理学报，2016，71（1）：21-34.

[6]董晓玉，傅华，李旭东，等．放牧与围封对黄土高原典型草原植物生物量及其碳氮磷贮量的影响[J]. 草业学报，2010，19（2）：175-182.

[7]谷蕊．模拟气候变化对内蒙古克氏针茅草原生态系统及其碳交换的影响[D]. 内蒙古大学，2015.

[8]顾润源，周伟灿，白美兰，等．气候变化对内蒙古草原典型植物物候的影响[J]. 生态学报，2012，32（3）：767-776.

[9]郭灵辉，郝成元，吴绍洪，等．内蒙古草地NPP变化特征及其对气候变化敏感性的CENTURY模拟研究[J]. 地理研究，2016，35（2）：271-284.

[10]何晓蕾，赵萌莉，刘通，等．新巴尔虎右旗草地生态系统的服务功能[J]. 草业科学，2013，30（10）：1656-1663.

[11]滑永春，马秀枝，萨如拉．内蒙古地区草地NPP时空变化及预测[J]. 福建农林大学学报（自然科学版），2021，50（4）：553-561.

[12]蒋延玲，周广胜，王玉辉，等．内蒙古地带性针茅植物对CO_2和气候变化的适应性研究进展[J]. 生态学报，2015，35（14）：4559-4569.

[13]焦珂伟，高江波，吴绍洪，等．植被活动对气候变化的响应过程研究进展[J]. 生态学报，2018，38（6）：2229-2238.
[14]李彦军，姚桂荣，郭立光．重耙、补播几种牧草改良重度盐碱化草地的当年效果调查[J]. 内蒙古草业，2010，22（1）：17-18.
[15]丽丽．基于牧民感知和适应措施的草原畜牧业适应气候变化研究[D]. 内蒙古农业大学，2017.
[16]刘家平，何京明，何玉新，等．畜牧业保险为现代畜牧业发展保驾护航[J]. 新疆畜牧业，2012（8）：9-11.
[17]马晓文．退牧还草行政补偿制度相关法律问题研究[D]. 内蒙古农业大学，2011.
[18]苗百岭，梁存柱，韩芳，等．内蒙古主要草原类型植物物候对气候波动的响应[J]. 生态学报，2016，36（23）：7689-7701.
[19]穆少杰，李建龙，陈奕兆，等．2001—2010年内蒙古植被覆盖度时空变化特征[J]. 地理学报，2012，67（9）：1255-1268.
[20]潘庆民，白永飞，韩兴国，等．氮素对内蒙古典型草原羊草种群的影响[J]. 植物生态学报，2005（2）：311-317.
[21]单贵莲，徐柱，宁发，等．围封年限对典型草原植被与土壤特征的影响[J]. 草业学报，2009，18（2）：3-10.
[22]盛文全．畜禽养殖场综合防疫技术[J]. 农家参谋，2021（12）：117-118.
[23]王国良．内蒙古高原南缘草甸草原可持续利用研究[D]. 中国农业科学院，2007.
[24]王国成，张稳，黄耀．1981—2001年内蒙古草地净初级生产力时空变化特征[J]. 草业科学，2011（11）：2016-2025.
[25]王雨晴，张成福，李晓鸿．内蒙古典型草原区NDVI对气候变化的响应[J]. 水土保持研究，2020，27（4）：201-205.
[26]吴昊怡，李文军，庄明浩，等．从“草—畜—人”完整的社会生态系统视角评估天然草原生态系统服务的价值——基于青海省海南藏族自治州贵南县的案例研究[J]. 北京大学学报（自然科学版），2017，53（6）：1133-1142.
[27]闫玉春，唐海萍．围栏禁牧对内蒙古典型草原群落特征的影响[J]. 西北

植物学报，2007（6）：1225-1232.
[28] 闫玉春，唐海萍，辛晓平，等 . 围封对草地的影响研究进展 [J]. 生态学报，2009，29（9）：5039-5046.
[29] 杨晗，周伟，石佩琪，等 . 内蒙古草地 NPP 时空变化格局及其与水热因子耦合关系 [J]. 水土保持研究，2019，26（2）：234-240.
[30] 尹燕亭，侯向阳，运向军 . 气候变化对内蒙古草原生态系统影响的研究进展 [J]. 草业科学，2011，28（6）：1132-1139.
[31] 张法伟，李英年，汪诗平，等 . 青藏高原高寒草甸土壤有机质、全氮和全磷含量对不同土地利用格局的响应 [J]. 中国农业气象，2009，30（3）：323-326.
[32] 张峰，周广胜，王玉辉 . 基于 CASA 模型的内蒙古典型草原植被净初级生产力动态模拟 [J]. 植物生态学报，2008（4）：786-797.
[33] 朱文泉，潘耀忠，龙中华，等 . 基于 GIS 和 RS 的区域陆地植被 NPP 估算——以中国内蒙古为例 [J]. 遥感学报，2005（3）：300-307.
[34] Chang J, Ciais P, Gasser T, et al. Climate warming from managed grasslands cancels the cooling effect of carbon sinks in sparsely grazed and natural grasslands[J]. Nat Commun, 2021, 12: 118.
[35] Ciais P, Bousquet P, Freibauer A, et al. Horizontal displacement of carbon associated with agriculture and its impacts on atmospheric CO_2[J]. Global Biogeochemical Cycles, 2007, 21(2): 1-12.
[36] Conant R T, Paustian K, Elliott E T. Grassland management and conversion into grassland：effects on soil carbon[J]. Ecological Applications, 2001, 11(2): 343-355.
[37] Correction for Tang et al. Patterns of plant carbon, nitrogen, and phosphorus concentration in relation to productivity in China’s terrestrial ecosystems[J]. Proc Natl Acad Sci USA, 2018, 115(26): 6095-6096.
[38] Dong Y, Sun Z, An S. Effects of grazing and grazing exclusion on species diversity in grassland vegetation and organic carbon[J]. Chinese Journal of Grassland, 2018, 40(1): 105-114.
[39] Friedlingstein P, O’Sullivan M, Jones M W, et al. Global Carbon Budget

2020[J]. In Earth Syst. Sci., 2020：3269–3340.

[40] Gao J, Chen Y, Lü S, et al. Ground spectral model for estimating biomass at the peak of the growing season in Hulunbeier grassland, Inner Mongolia, China[J]. International Journal of Remote Sensing, 2012, 33(13): 4029–4043.

[41] Godde C M, Boer I J M D, Ermgassen E H. Soil carbon sequestration in grazing systems：managing expectations[J]. In Climatic Change, 2020, 161(3): 385–391.

[42] Guo Q, Hu Z, Li S, et al. Spatial variations in aboveground net primary productivity along a climate gradient in Eurasian temperate grassland：effects of mean annual precipitation and its seasonal distribution[J]. Global Change Biology, 2012, 18(12): 3624–3631.

[43] Houghton R A. Changes in the storage of terrestrial carbon since 1850 [M]// LalR, KimbleJ, LevineE, et al. Soil sand Global Change.Boca Raton：CRC Press Inc, 1995：21.

[44] Li X B, Bai Y X, Wen W Y. Effects of grassland degradation and precipitation on carbon storage distributions in a semi-arid temperate grassland of inner mongolia, China[J].Acta Oecologica, 2017, 85：44–52.

[45] Ma W, Fang J, Yang Y, et al. Biomass carbon stocks and their changes in northern China's grasslands during 1982–2006[J]. Science China. Life sciences, 2010, 53(7).

[46] Pan Y, Birdsey R A, Fang J, et al. A large and persistent carbon sink in the world's forests[J]. Science, 2011, 333(6045): 988–993.

[47] Piao S L, Fang J Y, He J S, et al. Spatial distribution of grassland biomass in China[J]. Acta Phytoecologica Sinica, 2004, 28: 491–498.

[48] Piñeiro G, Paruelo J M, Jobbágy E G, et al. Grazing effects on belowground C and N stocks along a network of cattle exclosures in temperate and subtropical grasslands of South America[J]. Global Biogeochemical Cycles, 2009, 23(2): 1–14.

[49] Piñeiro G, Paruelo J M, Oesterheld M, et al. Pathways of grazing effects on soil organic carbon and nitrogen[J]. Rangeland Ecology & Management, 2010,

63(1): 109–119.

[50] Rutledge S, Campbell D I, Baldocchi D, et al. Photodegradation leads to increased carbon dioxide losses from terrestrial organic matter[J]. Global Change Biology, 2010: 334–349.

[51] Wang S, Andreas W, Zhang Z, et al. Management and land use change effects on soil carbon in northern China's grasslands： a synthesis[J]. Agriculture, Ecosystems and Environment, 2011, 142(3): 329–340.

[52] Wu G L, Liu Z H, Zhang L, et al. Longterm fencing improved soil properties and soil organic carbon storage in an alpine swamp meadow of western China[J]. Plant and Soil, 2010, 332: 331–337.

[53] Wu L, He N, Wang Y, et al. Storage and dynamics of carbon and nitrogen in soil after grazing exclusion in Leymus chinensis grasslands of northern China[J]. Journal of Environmental Quality, 2008, 37(2): 663–668.

[54] Xie Z B, Zhu J G, Liu G Q, et al. Soil organic carbon stocks in China and changes from 1980s to 2000s[J]. Global Change Biology, 2007, 13.

[55] Xin X P, Jin D Y, Ge Y, et al. Climate change dominated long-term soil carbon losses of inner mongolian grasslands[J]. Global Biogeochemical Cycles, 2020, 34(10).

[56] Zhang C, Zhou H, Ma Z. Phylogenetic structure of alpine steppe plant communities along a precipitation and temperature gradient on the Tibetan Plateau[J]. Global Ecology and Conservation, 2020, 24.

[57] Zhou Z, Sun O, Huang J, et al. Soil carbon and nitrogen stores and storage potential as affected by land-use in an agro-pastoral ecotone of northern China[J]. Biogeo chemistry, 2007, 82: 127–138.